D1718106

Zum Autor

Prof. Dr.-Ing. **Wilhelm Mombauer** (VDE) ist Hochschullehrer an der Hochschule Mannheim. Nach dem Studium der Elektrotechnik an der TU Berlin war er wissenschaftlicher Mitarbeiter am Institut für Theoretische Elektrotechnik derselben Hochschule, an der er 1985 promoviert wurde. Bis zu seiner Berufung im Jahr 1993 war er bei der FGH in Mannheim tätig.

Seit Anfang der 1980er-Jahre hat er mehrere Forschungs-Projekte zum Thema „Spannungsqualität" durchgeführt. Er ist Mitarbeiter in nationalen und internationalen Gremien, u. a. in IEC, UIE, CIGRE/GIRED, und Obmann des DKE-Arbeitskreises 767.1.2 (Flicker). Zahlreiche Veröffentlichungen haben ihn international zu einem anerkannten und führenden „Flicker"-Experten gemacht. Er führt jährlich mehrere Seminare zum Thema Netzrückwirkungen durch, u. a. auch einen Lehrgang mit Abschlusszertifikat „Power Quality Sachkundiger (VDE)".

VDE-Schriftenreihe Normen verständlich

111

Netzrückwirkungen von Niederspannungsgeräten

Spannungsschwankungen und Flicker

Theorie, Normung nach
DIN EN 61000-3-3 (VDE 0838-3):2002-05 und
DIN EN 61000-3-11 (VDE 0838-11):2001-04

Prof. Dr.-Ing. Wilhelm Mombauer

2006

VDE VERLAG GMBH • Berlin • Offenbach

Auszüge aus DIN-Normen mit VDE-Klassifikation sind für die angemeldete limitierte Auflage wiedergegeben mit Genehmigung 222.004 des DIN Deutsches Institut für Normung e. V. und des VDE Verband der Elektrotechnik Elektronik Informationstechnik e. V. Für weitere Wiedergaben oder Auflagen ist eine gesonderte Genehmigung erforderlich.

Die zusätzlichen Erläuterungen geben die Auffassung der Autoren wieder. Maßgebend für das Anwenden der Normen sind deren Fassungen mit dem neuesten Ausgabedatum, die bei der VDE VERLAG GMBH, Bismarckstraße 33, 10625 Berlin und der Beuth Verlag GmbH, Burggrafenstraße 6, 10787 Berlin erhältlich sind.

Bibliografische Information Der Deutschen Bibliothek
Die Deutsche Bibliothek verzeichnet diese Publikation in der Deutschen Nationalbibliografie; detaillierte bibliografische Daten sind im Internet über http://dnb.ddb.de abrufbar

ISBN 978-3-8007-2806-0
ISBN 3-8007-2806-0

ISSN 0506-6719

© 2006 VDE VERLAG GMBH, Berlin und Offenbach
        Bismarckstraße 33, D-10625 Berlin

Satz: VDE VERLAG GMBH, Berlin
Druck: Gallus Druckerei KG, Berlin   2006-04

Vorwort

In zunehmendem Maße werden Geräte und Einrichtungen mit nicht stationärer Betriebscharakteristik an das Versorgungsnetz angeschlossen. Bedingt durch die endliche Kurzschlussleistung der Netze entstehen Rückwirkungen auf das Versorgungsnetz, welche u. U. zu störenden Beeinflussungen anderer, am selben Netz betriebener Anlagen und Geräte führen können. Die Geräte wirken auf das Netz zurück; man spricht von „Netzrückwirkungen". Diese Netzrückwirkungen treten u. a. als Spannungsschwankungen und Flicker auf.

Spannungsschwankungen und Flicker werden u. a. hervorgerufen durch

- Ein- und Ausschaltvorgänge
- Motoren beim Anlauf und bei Laständerungen
- gepulste Leistungen, z. B. durch Schwingungspaketsteuerungen
- Schweißmaschinen
- Walzantriebe
- Windenergieanlagen im Netzparallelbetrieb

Um ein einwandfreies Funktionieren aller Betriebsmittel, einschließlich aller Netzelemente, zu gewährleisten, muss die elektromagnetische Verträglichkeit (EMV) gewährleistet sein, d. h., Störaussendung und Störfestigkeit müssen sinnvoll aufeinander abgestimmt sein.

Die Störfestigkeit ist abhängig vom Gerätetyp und wird in speziellen Produktnormen angegeben. Die zulässige Störaussendung ist von der Geräteart und der Netzebene abhängig; sie wird für Geräte kleiner Leistung zum Anschluss an das Niederspannungsnetz in Fachgrundnormen oder Produktfamiliennormen festgelegt. Geräte großer Leistung mit Nennströmen > (16) 75 A müssen immer individuell unter Berücksichtigung der aktuellen und der zu erwartenden Netzverhältnisse beurteilt werden. Großgeräte können nicht im Labor geprüft werden.

Das vorliegende Buch vermittelt ausführlich alle notwendigen Informationen. Ausgehend von grundlegenden Betrachtungen über das Konzept der elektromagnetischen Verträglichkeit werden die Grundlagen der Flickermesstechnik dargestellt und darauf aufbauend die notwendigen Formeln für die Berechnung der relativen Spannungsänderungen an der Bezugsimpedanz angegeben. Zu jedem Kapitel sind mehrere Übungsaufgaben komplett durchgerechnet. Der Leser wird dadurch in die Lage versetzt, das Betriebsverhalten eines Geräts oder einer Einrichtung in Hinblick auf Spannungsschwankungen und Flicker zu beurteilen. Besonders wichtig ist auch die Kenntnis der Flicker bestimmenden Eigenschaften von Geräten und Einrichtungen. Ausgehend von den theoretischen Grundlagen werden die einzelnen Verfahren zur Flickerminimierung und -reduzierung dargestellt. Eine besondere Bedeutung hat in diesem Zusammenhang der Entwurf von Flicker verträglichen Pulsmustern. Der Leser wird erkennen, dass Formeln zwar für die Berechnung von bestimmten Größenwerten notwendig sind, dass sie aber vielmehr in kompakter Weise alle Flicker bestimmenden Größen zusammenfassen. Sie bilden damit die Grundlage für die Flickerminimierung. In der Praxis werden unterschiedliche Verfahren zur Flickerreduzierung angewandt. Die einzelnen Verfahren werden dargestellt.

Die Kapitel im Einzelnen lauten:

Kapitel 1	Das Konzept der Elektromagnetischen Verträglichkeit
Kapitel 2	Spannungsschwankungen und Flicker
Kapitel 3	Flickermeter
Kapitel 4	Summationsgesetz für Flicker
Kapitel 5	Berechnung der relativen Spannungsänderung – analytisches Verfahren
Kapitel 6	Berechnung der Flickerstärke – analytisches Verfahren
Kapitel 7	Flickerminimierung
Kapitel 8	Die Regelungen der DIN EN 61000-3-3 (VDE 0838-3):2002-05
Kapitel 9	Die Regelungen der DIN EN 61000-3-11 (VDE 0838-11):2001-04
Kapitel 10	Niederspannungsgeräte mit elektronischer Leistungsregelung
Kapitel 11	Ausgewählte Geräte und Einrichtungen
Kapitel 12	Motoren
Kapitel 13	Begriffe und Definitionen

Es ist zu beachten, dass in der Praxis immer alle Normen und Richtlinien eingehalten werden müssen. Das vorliegende Buch sollte nicht den Eindruck erwecken, dass die Einhaltung der Grenzwerte für Spannungsänderungen und Flicker ein hinreichendes Kriterium ist.

Alle technischen Produkte werden ständig weiterentwickelt. Dies gilt auch für den Bereich der Netzrückwirkungen. Sofern in diesem Buch bestimmte Verfahren angesprochen sind, dann stellen diese lediglich Beispiele von technischen Ausführungen dar. Es ist daher auch nicht möglich, bestimmte Verfahren abschließend zu beurteilen und miteinander zu vergleichen. Maßgeblich sind immer die technischen Ausführungen zum Zeitpunkt des Erwerbs.

Messungen sind immer bezogen dargestellt, meist auf den Maximalwert. Dies war notwendig, da die absoluten Größen einer Messung für das prinzipielle Verhalten einer Anlage unwichtig sind.

6

Der vorliegende Band ist Teil einer Reihe von Büchern zum Thema Spannungs-schwankungen und Flicker mit unterschiedlichen Schwerpunkten, die sich insgesamt ergänzen.

W. Mombauer

VDE-Schriftenreihe Normen verständlich, **Band 109**
Messung von Spannungsschwankungen und Flicker mit dem IEC-Flickermeter
Theorie, Simulation, Normung nach
DIN EN 61000-4-15 (VDE 0847-4-15):2003-10 und
DIN EN 61000-4-30 (VDE 0847-4-30):2004-01
2., überarbeitete und aktualisierte Auflage 2007
VDE VERLAG, Berlin und Offenbach

W. Mombauer

VDE-Schriftenreihe Normen verständlich, **Band 110**
Flicker in Stromversorgungsnetzen
Messung, Berechnung, Kompensation
Erläuterungen zu den Europäischen Normen und VDEW-Richtlinien
sowie DIN EN 50160:2000-03
1. Auflage 2005
VDE VERLAG, Berlin und Offenbach

W. Mombauer

VDE-Schriftenreihe Normen verständlich, **Band 111**
Netzrückwirkungen von Niederspannungsgeräten
Spannungsschwankungen und Flicker
Theorie, Normung nach
DIN EN 61000-3-3 (VDE 0838-3):2002-05 und
DIN EN 61000-3-11(VDE 0838-11): 2001-04
1. Auflage 2006
VDE VERLAG, Berlin und Offenbach

Damit wird das Thema Flicker erstmalig umfassend auf etwa 800 Buchseiten dargestellt.

Der Autor ist durch seine jahrelange Mitarbeit in der DKE Deutsche Kommission Elektrotechnik Elektronik Informationstechnik, der Internationalen Elektrotechnischen Kommission (IEC) und der Internationalen Union für Elektrowärme (UIE) maßgeblich an der Erarbeitung der Normen beteiligt. Das bedeutet Informationen aus erster Hand.

Das Buch wendet sich an Ingenieure und Techniker der Elektroindustrie, die sich mit der Planung, dem Anschluss, der Entwicklung und dem Betrieb von Flicker erzeugenden Geräten und Einrichtungen befassen und durch Messung, Rechnung oder Simulation die Übereinstimmung mit den gültigen Normen oder Richtlinien feststellen wollen.

Alle Normen und Richtlinien unterliegen der Überarbeitung. Maßgeblich sind die zum Zeitpunkt der Anwendung gültigen Normen und Richtlinien. Die in diesem Buch gegebenen Interpretationen und Auslegungen stellen die persönlichen Ansichten des Autors dar. In Zweifelsfällen sind immer die zuständigen Stellen der DKE bzw. der Netzbetreiber zu konsultieren.

Aktuelle Informationen im Internet

www.power-quality-net.de

Inhalt

11

1 Das Konzept der Elektromagnetischen Verträglichkeit

In zunehmendem Maße werden Geräte und Einrichtungen mit nichtlinearer oder nichtstationärer Betriebscharakteristik an das Versorgungsnetz angeschlossen. Bedingt durch die endliche Kurzschlussleistung der Netze entstehen Rückwirkungen auf das Versorgungsnetz, welche u. U. zu störenden Beeinflussungen anderer, am selben Netz betriebener Anlagen und Geräte führen können.

Bild 1.1 zeigt das Beeinflussungssystem. In diesem System wird ein Gerät (dies kann auch eine Einrichtung oder Anlage sein) als „störendes Gerät" bezeichnet. Damit wird zum Ausdruck gebracht, dass dieses Gerät je nach seinem Betriebsverhalten dem Netz einen zeitlich nicht konstanten bzw. nicht sinusförmigen Strom entnehmen kann. Ersatzweise kann dieses Gerät durch eine Ersatzstromquelle mit einer Paralleladmittanz dargestellt werden, die einen Störstrom in das Netz einführt. Beispielsweise kann ein Gerät, das, bedingt durch einen Gleichrichter mit kapazitiver Glättung im Eingangsteil, einen periodischen pulsförmigen Strom aufnimmt, ersatzweise nach der Zerlegung des Eingangsstroms in einer Fourierreihe durch eine Summe von Oberschwingungsstromen dargestellt werden. Von der Netzseite her gesehen wirkt dieses Gerät dann wie eine Parallelschaltung von Stromquellen mit den Ordnungszahlen 1, 3, 5, 7, … Man sagt, das Gerät führt Oberschwingungs-

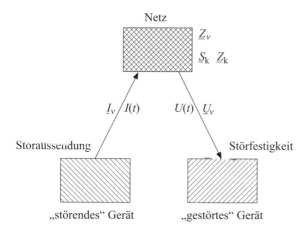

Bild 1.1 Beeinflussungssystem

ströme in das Netz ein. Allgemein wird jede in das Netz eingeführte Größe als „Störgröße" bezeichnet. Prinzipiell können sowohl Ströme als auch Spannungen in das Netz emittiert (ausgesendet) werden.

Der Störstrom ruft einen Spannungsfall an der Innenimpedanz des Netzes hervor. Die maßgebliche Innenimpedanz des Netzes ist die (maximale) Kurzschlussimpedanz $\underline{Z}_k$ bzw. die Oberschwingungsimpedanz $\underline{Z}_v$. Dies führt zu einer verzerrten oder schwankenden Netzspannung. Man spricht von Netzrückwirkungen. Andere Geräte werden folglich an einer verzerrten und/oder schwankenden Spannung betrieben. Diese Geräte können dann in ihrem Betriebsverhalten gestört werden. „Gestörtes Gerät" bedeutet auch hier, dass eine Störung prinzipiell möglich ist. Ob ein Gerät tatsächlich gestört wird, hängt von der individuellen Störfestigkeit des Geräts ab. Über die Art und Schwere der Störung wird keine Aussage gemacht.

Dieses System wird durch drei voneinander unabhängige Größen beschrieben:

- der Störaussendung des störenden Geräts
- der Innenimpedanz $\underline{Z}_k$ bzw. der Kurzschlussleistung $\underline{S}_k$ des Versorgungsnetzes
- der Störfestigkeit des gestörten Geräts

Das Versorgungsnetz ist in diesem System das Koppelelement zwischen der Störaussendung und der Störspannung im Netz. Es gilt das Ohm'sche Gesetz:

$$\underline{U}_v = \underline{I}_v \underline{Z}_v \tag{1.1}$$

bzw.

$$U(t) = I(t)\, Z_k \tag{1.2}$$

Netzrückwirkungen treten in Form verschiedener Störphänomene auf:

- Spanungsänderungen
- Spannungsunsymmetrien
- Oberschwingungen
- Zwischenharmonische
- Flicker

Netzrückwirkungen haben u. a. Auswirkung auf:

- Beeinträchtigung des Betriebsverhaltens von Geräten und Anlagen
- zusätzliche Erwärmung von Kondensatoren, Motoren, Transformatoren
- Fehlfunktionen von Rundsteuerempfängern und elektronischen Steuerungen
- Beeinflussung von Fernmelde-, Fernwirk- und EDV-Anlagen, Schutz- und Messeinrichtungen
- Helligkeitsschwankungen in Glüh- und Leuchtstofflampen (Flicker)

Die Rückwirkungen auf das Netz selbst äußern sich in folgender Weise:

- Verschlechterung des Leistungsfaktors
- Erhöhung der Übertragungsverluste
- Beeinträchtigung der Erdschlusslöschung
- Herabsetzung der Belastbarkeit von Betriebsmitteln

Um ein einwandfreies Funktionieren aller Betriebsmittel, einschließlich aller Netzelemente, zu gewährleisten, muss die „Elektromagnetische Verträglichkeit" gewährleistet sein.

Es werden folgende Begriffe definiert [1.1]:

Elektromagnetische Verträglichkeit

Fähigkeit einer elektrischen Einrichtung, in ihrer elektromagnetischen Umgebung zufriedenstellend zu funktionieren, ohne diese Umgebung, zu der auch andere Einrichtungen gehören, unzulässig zu beeinflussen.

Störgröße

Elektromagnetische Größe, die in einer elektrischen Einrichtung eine unerwünschte Beeinflussung hervorrufen kann. Diese Größe wird auch dann Störgröße (**Bild 1.2**) genannt, wenn sie nicht zu einer Störung bzw. unerwünschten Beeinflussung führt.

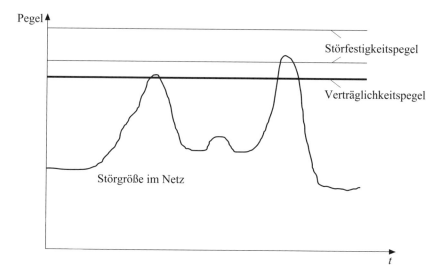

Bild 1.2 Definition von Störfestigkeit und Verträglichkeitspegel

Verträglichkeitspegel

Der für ein System festgelegte Wert einer Störgröße, der von der auftretenden Störgröße nur mit einer so geringen Wahrscheinlichkeit überschritten wird, dass elektromagnetische Verträglichkeit für alle Einrichtungen des jeweiligen Systems besteht.

Dieser Wert ist die Basis für die Festlegungen von Grenzwerten der Störfestigkeit und der Störaussendung der in diesem System betriebenen oder zu betreibenden Einrichtungen.

Verträglichkeitspegel (Formelzeichen: C) basieren auf 95 % Wahrscheinlichkeitspegel, die für das gesamte Versorgungsnetz unter Zuhilfenahme von Verteilungsfunktionen, die die örtlichen und zeitlichen Schwankungen der Störgrößen darstellen, ermittelt werden.

	Verträglichkeitspegel
C_{Pst}	1,0
C_{Plt}	0,8

Tabelle 1.1 Beispiel: Verträglichkeitspegel für Flicker in Niederspannungsnetzen [1.1]

Störfestigkeit

Fähigkeit einer elektrischen Einrichtung, Störgrößen bestimmter Höhe ohne Fehlfunktion zu ertragen. Die Höhe der Störfestigkeit wird von den Produktkomitees festgelegt. Sie kann je nach Anwendungszweck des Geräts unterschiedlich sein.

Das Konzept der elektromagnetischen Verträglichkeit ist nicht auf Extremwerte abgestimmt. Dies wäre weder technisch machbar noch volkswirtschaftlich sinnvoll. Daraus ergibt sich jedoch auch die Feststellung, dass niemand fordern kann, dass ein angeschlossenes Gerät oder ein System jederzeit und unter allen Umständen einwandfrei funktioniert.

Der Verträglichkeitspegel ist in diesem System ein definierter Wert zur Koordination der Störfestigkeits- und Störaussendungsgrenzwerte. Die Störgröße im Netz setzt sich in der Regel aus den von den einzelnen Geräten und Einrichtungen hervorgerufenen Störgrößen zusammen. Die Störgröße im Netz darf den Verträglichkeitspegel nur selten überschreiten, d. h. nur mit einer geringen Wahrscheinlichkeit (in der Regel 5 %). Geräte und Einrichtungen mit einer geringen Störfestigkeit können dann in ihrem Betriebsverhalten gestört werden. Dies ist in seltenen Fällen hinnehmbar – das Konzept der Elektromagnetischen Verträglichkeit ist dadurch nicht gestört. Besondere Geräte, die unter keinen Umständen eine Beeinträchtigung ihres Betriebs erfahren dürfen, müssen in diesem System eine sehr hohe Störfestigkeit aufweisen.

16

Das Schema des Beeinflussungssystems liefert auch wertvolle Hinweise für mögliche Maßnahmen:

- Die Störgröße im Netz ist dann klein, wenn die Störaussendung klein ist. Deswegen schreiben Normen (z. B. DIN EN 61000-3-3 (VDE 0838-3):2002-05) die Begrenzung der Störaussendung vor.

- Die Störgröße im Netz ist dann klein, wenn die Netzimpedanz klein bzw. die Kurzschlussleistung groß ist. Dazu sind netzverstärkende Maßnahmen ein geeignetes Mittel.
Als netzseitige Maßnahmen kommen auch kompensierende Maßnahmen, beispielsweise eine Zentralkompensation, in Frage.

- Es treten auch dann nur wenige Störungen auf, wenn die Störfestigkeit hoch ist. Als gerätseitige Maßnahmen sind hier aktive und passive Filter zu nennen.

Es muss jedoch noch erwähnt werden, dass es selbst dann, wenn alle auftretenden Störgrößen die Verträglichkeitspegel einhalten, noch durch das zeitliche Zusammenwirken mehrerer Störgrößen zu Störungen kommen kann. Durch die Vielzahl aller möglichen unterschiedlichen Phänomene kann prinzipiell keine Aussage über eine kumulative Wirkung von unterschiedlichen Störgrößen gemacht werden. Dies muss prinzipiell von allen Beteiligten akzeptiert werden.

Eng verbunden damit ist auch der Begriff der „Spannungsqualität". Man würde dann von einer hohen Spannungsqualität sprechen, wenn die im Netz vorhandenen Störgrößen deutlich kleiner sind als die entsprechenden Verträglichkeitspegel für die jeweiligen Störphänomene.

Generell zeigt sich jedoch, dass alle Maßnahmen zur „Verbesserung" der Spannungsqualität – Begrenzung der Störaussendung, Erhöhung der Netzkurzschlussleistung, Erhöhung der Störfestigkeit – erhebliche Kosten verursachen. Das volkswirtschaftliche Optimum ist dabei wahrscheinlich nicht zu ermitteln. Die Erfahrung zeigt jedoch, dass ein sinnvolles Aufeinanderabstimmen aller Maßnahmen notwendig ist und dass sich die in den Normen genannten Verträglichkeitspegel und Störaussendungspegel als ausreichend und richtig erwiesen haben.

In diesem Zusammenhang spielt auch die AVBEltV [1.2] eine wichtige Rolle. Danach ist zwar der Netzbetreiber verpflichtet, eine Spannung in dem Maße zur Verfügung zu stellen, dass allgemein übliche Verbrauchsgeräte einwandfrei betrieben werden können. Allerdings ist jedoch das Verhältnis zwischen dem Aufwand und der dadurch erzielbaren Verbesserung der Spannungsqualität zu beachten. In einem Urteil des Landgerichts Frankfurt (Oder) [1.3] wird festgestellt, dass Energieversorgungsunternehmen nicht nur zur Einhaltung eines möglichst hohen technischen Standards verpflichtet sind, sondern sie müssen die Energieversorgung auch möglichst preisgünstig gewährleisten. Die bereitgestellte Spannungsqualität muss sich im Rahmen des Standes der Technik, aber auch im Rahmen des zumutbaren Aufwands halten. Daraus ergibt sich auch eine Abgrenzung der Verantwortungsbereiche zwischen Energieversorger, Geräteindustrie und Kunden. Werden nämlich empfindlichere Geräte entwickelt und wird ihre Verwendung allgemein üblich, so kann daraus nicht die Verpflichtung der Stromversorger folgen, ihrerseits nachzuziehen und mögliche Störgrößen im Netz so weit zu verringern, dass diese Geräte betrieben werden können. Das Gericht hat somit das Konzept der elektromagnetischen Verträglichkeit anerkannt und bestätigt. Dem Thema Flickerminimierung kommt damit auch eine besondere Bedeutung zu.

Geräte kleiner Leistung, dazu zählen insbesondere Haushaltsgeräte und Geräte für das Kleingewerbe, werden ohne Anschlussgenehmigung an vielen Netzpunkten verteilt angeschlossen und stellen damit eine Flächenlast dar. Für die Auswirkung ihrer emittierten Störgrößen sind die Anschlussebene und das betrachtete Störphänomen ausschlaggebend. Beispielsweise rufen die von den TV-Geräten in das Niederspannungsnetz eingespeisten Oberschwingungsströme Spannungsfälle an den Nieder-, Mittel- und Hochspannungsimpedanzen des Netzes hervor. Die Fernsehgeräte bestimmen damit maßgeblich die Oberschwingungspegel in allen Netzebenen. Flicker hingegen werden hauptsächlich nur in unterlagerten Spannungsebenen übertragen. Es sind die Großanlagen in der Mittel- und Hochspannungsebene, die die Flickerpegel im gesamten Niederspannungsnetz maßgeblich bestimmen. Flicker erzeugende Niederspannungsgeräte stellen damit eher ein lokales Problem dar.

Das Thema EMV wird in einem umfangreichen Normenwerk behandelt. Die Netzrückwirkungsnormen werden in der Regel in der Internationalen Elektrotechnischen Kommission (IEC) erarbeitet und von dem Europäischen Komitee für Elektrotechnische Normung (CENELEC) als Europäische Norm (EN-Norm) unter Beteiligung der DKE Deutsche Kommission Elektrotechnik Elektronik Informationstechnik im DIN und VDE übernommen.

Im Bereich der europäischen Gemeinschaften gelten die Europäischen Normen, die in Deutschland den Status einer deutschen Norm haben und mit dem Vorsatz DIN versehen werden. Deutsche Normen werden meist in das VDE-Vorschriftenwerk aufgenommen und als VDE-Bestimmung mit einer VDE-Klassifikation veröffentlicht. Die EN-Normen entsprechen in der Regel den IEC-Normen.

Beispiele:

Europäische Norm	Internationale Norm	Deutsche Norm	Klassifikation im VDE-Vorschriftenwerk
EN 61000-4-15: 1998+A1:2003	IEC 61000-4-15: 1997+A1:2003	DIN EN 61000-4-15: 2003-10	VDE 0847-4-15
EN 50160:1999		DIN EN 50160:2000-03	nicht im VDE-Vorschriftenwerk

In Literaturhinweisen ist die zugehörige VDE-Bestimmung in Klammern gesetzt, z. B. DIN EN 61000-4-15 (VDE 0847-4-15).

Für Netzrückwirkungsuntersuchungen ist die Normenreihe EN 61000 von Bedeutung. Sie ist in mehreren Teilen in Haupt- und Unterabschnitte gegliedert.

Teile (Auszug):

Teil 1:   Allgemeines

- Allgemeine Betrachtungen (Einleitung, Grundprinzipien)
- Begriffe, Definitionen

Teil 2:   Umgebung

- **Teil 2-2**   Verträglichkeitspegel für niederfrequente leitungsgeführte Störgrößen und Signalübertragung in öffentlichen Niederspannungsnetzen
- **Teil 2-4**   Verträglichkeitspegel für niederfrequente leitungsgeführte Störgrößen in Industrieanlagen
- **Teil 2-9**   Beschreibung der HEMP-Umgebung – Störstrahlung – EMV-Grundnorm
- **Teil 2-10**   Beschreibung der HEMP-Umgebung – Leitungsgeführte Störgrößen
- **Teil 2-12**   Verträglichkeitspegel für niederfrequente leitungsgeführte Störgrößen und Signalübertragung in öffentlichen Mittelspannungsnetzen

Die deutschen Fassungen haben die VDE-Klassifikation 0839.

Teil 3:   Grenzwerte

- Grenzwerte der Störaussendung
- Grenzwerte der Störfestigkeit (soweit sie nicht in den Zuständigkeitsbereich der Produktkomitees fallen)
- **Teil 3-2**   Grenzwerte – Grenzwerte für Oberschwingungsströme (Geräte-Eingangsstrom ≤ 16 A je Leiter)
- **Teil 3-3**   Grenzwerte – Begrenzung von Spannungsschwankungen und Flicker in öffentlichen Niederspannungs-Versorgungsnetzen für Geräte mit einem Bemessungsstrom ≤ 16 A je Leiter, die keiner Sonderanschlussbedingung unterliegen
- **Teil 3-11**   Grenzwerte – Begrenzung von Spannungsänderungen, Spannungsschwankungen und Flicker in öffentlichen Niederspannungs-Versorgungsnetzen – Geräte und Einrichtungen mit einem Bemessungsstrom < 75 A, die einer Sonderanschlussbedingung unterliegen
- **Teil 3-12**   Grenzwerte – Grenzwerte für Oberschwingungsströme, verursacht von Geräten und Einrichtungen mit einem Eingangsstrom > 16 A und ≤ 75 A je Leiter, die zum Anschluss an öffentliche Niederspannungsnetze vorgesehen sind

Die deutschen Fassungen haben die VDE-Klassifikation 0838.

19

Teil 4: Prüf- und Messverfahren

- **Teil 4-1** Übersicht über die Reihe IEC 61000-4
- **Teil 4-2** Störfestigkeit gegen die Entladung statischer Elektrizität
- **Teil 4-3** Prüfung der Störfestigkeit gegen hochfrequente elektromagnetische Felder
- **Teil 4-4** Prüfung und Störfestigkeit gegen schnelle transiente elektrische Störgrößen/Burst
- **Teil 4-5** Prüfung der Störfestigkeit gegen Stoßspannungen
- **Teil 4-6** Störfestigkeit gegen leitungsgeführte Störgrößen, induziert durch hochfrequente Felder
- **Teil 4-7** Allgemeiner Leitfaden für Verfahren und Geräte zur Messung von Oberschwingungen und Zwischenharmonischen in Stromversorgungsnetzen und angeschlossenen Geräten
- **Teil 4-8** Prüfung der Störfestigkeit gegen Magnetfelder mit energietechnischen Frequenzen
- **Teil 4-9** Störfestigkeit gegen impulsförmige Magnetfelder
- **Teil 4-10** Prüfung der Störfestigkeit gegen gedämpft schwingende Magnetfelder
- **Teil 4-11** Prüfung der Störfestigkeit gegen Spannungseinbrüche, Kurzzeitunterbrechungen und Spannungsschwankungen
- **Teil 4-12** Prüfung der Störfestigkeit gegen gedämpfte Schwingungen
- **Teil 4-13** Prüfungen der Störfestigkeit am Wechselstrom-Netzanschluss gegen Oberschwingungen und Zwischenharmonische einschließlich leitungsgeführter Störgrößen aus der Signalübertragung auf elektrischen Niederspannungsnetzen
- **Teil 4-14** Prüfung der Störfestigkeit gegen Spannungsschwankungen
- **Teil 4-15** Flickermeter – Funktionsbeschreibung und Auslegungsspezifikation
- **Teil 4-16** Prüfung der Störfestigkeit gegen leitungsgeführte asymmetrische Störgrößen im Frequenzbereich von 0 Hz bis 150 kHz
- **Teil 4-17** Prüfung der Störfestigkeit gegen Wechselanteile der Spannung an Gleichstrom-Netzanschlüssen
- **Teil 4-20** Messung der Störaussendung und Störfestigkeit in transversalelektromagnetischen (TEM-)Wellenleitern
- **Teil 4-23** Prüfverfahren für Geräte zum Schutz gegen HEMP und andere gestrahlte Störgrößen
- **Teil 4-24** Prüfverfahren für Einrichtungen zum Schutz gegen leitungsgeführte HEMP-Störgrößen – EMV-Grundnorm

- **Teil 4-25** Prüfung der Störfestigkeit von Einrichtungen und Systemen gegen HEMP-Störgrößen
- **Teil 4-27** Prüfung der Störfestigkeit gegen Unsymmetrie der Versorgungsspannung
- **Teil 4-28** Prüfung der Störfestigkeit gegen Schwankungen der energietechnischen Frequenz (Netzfrequenz)
- **Teil 4-29** Prüfung der Störfestigkeit gegen Spannungseinbrüche, Kurzzeitunterbrechungen und Spannungsschwankungen an Gleichstrom-Netzeingängen
- **Teil 4-30** Verfahren zur Messung der Spannungsqualität

Die deutschen Fassungen haben die VDE-Klassifikation 0847.

Teil 5: Installationsrichtlinien und Abhilfemaßnahmen

- **Teil 5-5** Festlegung von Schutzeinrichtungen gegen leitungsgeführte HEMP-Störgrößen EMV-Grundnorm
- **Teil 5-7** Schutzarten durch Gehäuse gegen elektromagnetische Störgrößen (EM-Code)

Die deutschen Fassungen haben die VDE-Klassifikation 0847.

Teil 6: Fachgrundnormen

- **Teil 6-1** Störfestigkeit für Wohnbereich, Geschäfts- und Gewerbebereiche sowie Kleinbetriebe
- **Teil 6-2** Störfestigkeit für Industriebereich
- **Teil 6-3** Störaussendung für Wohnbereich, Geschäfts- und Gewerbebereich sowie Kleinbetriebe
- **Teil 6-4** Störaussendung für Industriebereich

Die deutschen Fassungen haben die VDE-Klassifikation 0839.

Im Bereich der Europäischen Gemeinschaft werden die Normen in drei Gruppen eingeteilt:

- **Grundnorm (basic standard)**

  In diesen Normen werden grundsätzliche, phänomenbezogene Anforderungen und Messverfahren beschrieben. Es werden keine Grenzwerte für die Störaussendung und Störfestigkeit genannt.

- **Fachgrundnorm (generic standard)**

  Fachgrundnormen sind phänomenbezogen (z. B. Oberschwingungen, Flicker) aufgebaut.

  Sie legen die Störfestigkeits- und Störaussendungsgrenzwerte fest, sofern keine Produkt- oder Produktfamiliennormen existieren. Sie enthalten wichtige Fest-

21

legungen für den Betrieb von Geräten in einer bestimmten Umgebung, z. B. Industriebereich.

Beispiel: DIN EN 61000-6-4 (VDE 0839-6-4):2002-08: Fachgrundnorm Störaussendung für Industriebereich.

- **Produkt- oder Produktfamilien-Norm (product standard, product family standard)**

  In Produkt- oder Produktfamilien-Normen werden die Störaussendungs- und Störfestigkcits-Grenzwerte für bestimmte Geräte und Einrichtungen genannt. Unter anderem werden produkttypische Messanordnungen und Messverfahren beschrieben.

  Produkt- und Produktfamilien-Normen haben Vorrang vor den Fachgrundnormen.

  Beispiel: DIN EN 61000-3-3 (VDE 0838-3):2002-05

Das EMV-Gesetz [1.4] legt Schutzziele fest. Die Störaussendungen eines einzelnen Geräts oder einer Anlage sind auf bestimmte Werte zu begrenzen. Die im Sinne des EMV-Gesetzes zur Konformitätsbewertung anzuwendenden Normen werden im Amtsblatt der Europäischen Gemeinschaft gelistet:

http://europa.eu.int/comm/enterprise/newapproach/standardization/harmstds/reflist/emc/ojc105de.pdf

In den Ausgaben der Normen werden zwei wichtige Daten festgelegt:

- dop (date of publication)

  Spätestes Datum, zu dem die EN auf nationaler Ebene durch Veröffentlichung einer identischen nationalen Norm oder Anerkennung übernommen werden muss

- dow (date of withdrawn)

  Spätestes Datum, zu dem nationale Normen, die der EN entgegenstehen, zurückgezogen werden müssen. Ab diesem Datum dürfen Vorgängernormen nicht mehr angewandt werden.

Von Bedeutung ist auch der „maintenance cycle", der von dem zuständigen IEC-Komitee festgelegt wird. Zu diesem Zeitpunkt wird nach Entscheidung des Komitees die vorliegende Norm

- bestätigt

- zurückgezogen

- durch eine Folgeausgabe ersetzt oder

- geändert

Für die im Rahmen dieses Buchs hauptsächlich angesprochenen Normen wurden folgende Daten genannt:

DIN EN 61000-3-3 (VDE 0838-3):2002-05   – 2005
DIN EN 61000-3-11 (VDE 0838-11):2001-04   – 2005
DIN EN 61000-4-15 (VDE 0847-4-15):2003-11   – 2006

Literatur

[1.1]   DIN EN 61000-2-2 (VDE 0839-2-2):2003-02
        Elektromagnetische Verträglichkeit (EMV)
        Teil 2-2: Umgebungsbedingungen – Verträglichkeitspegel für nieder-
        frequente leitungsgeführte Störgrößen und Signalübertragung in öffentlichen
        Niederspannungsnetzen
[1.2]   AVBEltV – Verordnung über Allgemeine Bedingungen für die Elektrizitäts-
        versorgung von Tarifkunden
        BGBl I 1979, 684
        Zuletzt geändert durch Art. 1 Abs. 1 Nr. 11 V vom 05. 04. 2002 I 1250
[1.3]   Landgericht Frankfurt (Oder), Urteil vom 14. 06. 2002 – 19 S 18/02
[1.4]   EMVG – Gesetz über die elektromagnetische Verträglichkeit von Geräten
        BGBl I 1998, 2882
        Zuletzt geändert durch Art. 230 V vom 25. 11. 2003 I 2304

2   Spannungsschwankungen und Flicker

Die Betriebsspannung im öffentlichen Netz ist nicht konstant; sie ist zeitlichen Schwankungen unterworfen. Ursache dafür ist der an der endlichen Innenimpedanz des Netzes durch den Laststrom eines Geräts oder einer Einrichtung hervorgerufenen Spannungsfall. Die wirksame Innenimpedanz ist die Kurzschlussimpedanz $\underline{Z}_k$.

Bei der Zuschaltung einer Last, beispielsweise eines Motors, ruft dessen Anlaufstrom $I_{Motor}(t)$ an der Kurzschlussimpedanz $\underline{Z}_k$ des vorgeschalteten Netzes einen Spannungsfall $\Delta U_{Motor}(t)$ hervor, von dem alle am selben Verknüpfungspunkt (VP) angeschlossene Verbraucher beeinflusst werden (**Bild 2.1**). Vor dem Zuschalten des Motors war die Spannung am Verknüpfungspunkt gleich der ungestörten Spannung U_0. Während des Motoranlaufs ist die Spannung am Verknüpfungspunkt $U_1(t)$ zeitlich veränderlich. Im stationären Betrieb ist U_1 konstant, jedoch kleiner U_0. Die bleibende Spannungsabweichung beträgt

$$\Delta U_c = U_0 - U_1 \tag{2.1}$$

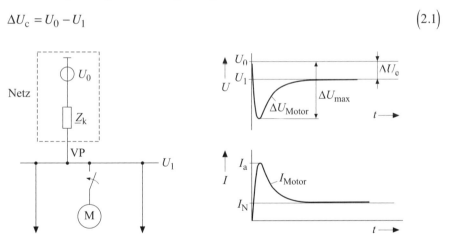

Bild 2.1 Spannungsschwankung beim Motoranlauf

Für die maximale Spannungsänderung gilt:

$$\Delta U_{max} = I_a \left| \underline{Z}_k \right| \tag{2.2}$$

I_a ist der Maximalwert des Anlaufstroms $I_{Mot}(t)$. Für Flickerbetrachtungen rechnet man mit den Halbschwingungseffektivwerten von Strom und Spannung.

Als Höhe der Spannungsänderung ΔU wird die Differenz zwischen den Effektivwerten der Netzspannung vor und nach einer Spannungsänderung verstanden. Im Falle von sinus- oder rechteckförmigen Spannungsänderungen ist ΔU die Variationsbreite der Spannungsschwankung.

Folgende Begriffe werden definiert:

* Spannungs-Effektivwertverlauf $U(t)$
  Zeitverlauf des Spannungseffektivwerts. Der Effektivwertverlauf wird messtechnisch aus den Effektivwerten von aufeinander folgenden Halbperioden der Grundschwingung ermittelt (**Bild 2.2**).

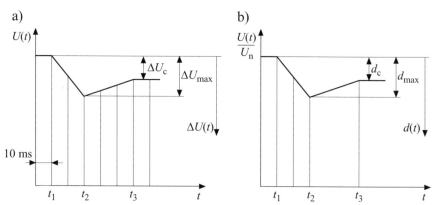

Bild 2.2
a) Histogramm zur Ermittlung von $U(t)$
b) relativer Spannungsänderungsverlauf

* Spannungsänderung ΔU
  Eine einzelne Änderung des Effektivwerts oder des Spitzenwerts der Spannung zwischen zwei benachbarten Punkten.

$$\Delta U = U(t_1) - U(t_2) \tag{2.3}$$

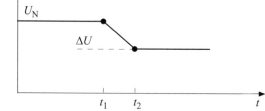

Bild 2.3 Spannungsänderung, U_N ist die Spannung vor Beginn der Spannungsänderung

26

- Spannungsänderungsverlauf $\Delta U(t)$
  Zeitverlauf der Änderung des Spannungseffektivwerts zwischen den Intervallen, in denen die Spannung für mindestens 1 s konstant ist.
  Ein Spannungsänderungsverlauf besteht aus einem oder mehreren Spannungsänderungen.

- Größte Spannungsänderung ΔU_{max}
  Differenz zwischen dem höchsten und kleinsten Wert des Spannungseffektivwerts innerhalb eines Spannungsänderungsverlaufs.

- Konstante Spannungsabweichung ΔU_c
  Die Differenz zwischen den Effektivwerten vor und nach einer Spannungsänderung oder einem Spannungsänderungsverlauf.

- Spannungsschwankung $\Delta U(t)$
  Folge von Spannungsänderungsverläufen oder eine kontinuierliche Änderung des Spannungseffektivwerts.

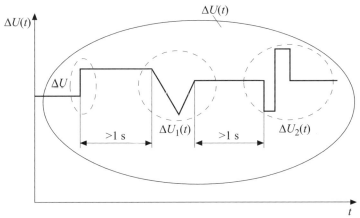

Bild 2.4 Definitionen: Spannungsänderung ΔU
Spannungsänderungsverlauf $\Delta U_1(t)$, $\Delta U_2(t)$, Spannungsschwankung $\Delta U(t)$
Eine weitere Aufgliederung ist nicht möglich.

Je nach der Form der Spannungsschwankung oder des Spannungsänderungsverlaufs kann man unterscheiden zwischen

- regelmäßigen Spannungsschwankungen, z. B. mit sinus- oder rechteckförmigem Verlauf

- unregelmäßigen oder stochastischen Spannungsschwankungen

In Hinblick auf die analytische Berechnung der Flickerstärke muss zwischen zwei Spannungsänderungsverläufen der Effektivwert für mindestens 1 s konstant bleiben.

27

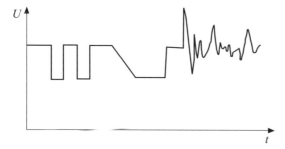

Bild 2.5 Abschnittsweise regelmäßige und stochastische Spannungsschwankung

Dadurch wird sichergestellt, dass die Spannungsänderungsverläufe voneinander unabhängig sind und sich in ihrer Wirkung nicht beeinflussen, d. h., es tritt kein „Overlapping-Effekt" auf.

Eine gegebene Spannungsschwankung kann unter diesen Voraussetzungen in einzelne, voneinander unabhängige Spannungsänderungsverläufe zerlegt werden. Damit wird unter bestimmten Voraussetzungen die Möglichkeit der analytischen Berechnung der Flickerstärke eröffnet.

Durch Bezug von ΔU auf den ungestörten Effektivwert der Netzspannung U_N vor Beginn einer Spannungsänderung erhält man die relative Spannungsänderung $\Delta U/U_N$ (Bild 2.2). Als Bezugswert kann je nach Anwendungszweck auch die Nennspannung U_n verwendet werden. In diesem Falle wird die relative Spannungsänderung auch mit „d" bezeichnet.

- relative Spannungsänderung

$$d = \frac{\Delta U}{U_n} \qquad (2.4)$$

- relativer Spannungsänderungsverlauf

$$d(t) = \frac{\Delta U(t)}{U_n} \qquad (2.5)$$

- relative konstante Spannungsabweichung

$$d_c = \frac{U_c}{U_n} \qquad (2.6)$$

- größte relative Spannungsänderung

$$d_{max} = \frac{\Delta U_{max}}{U_n} \qquad (2.7)$$

- relative Spannungsschwankung

$$d(t) = \frac{\Delta U(t)}{U_n} \qquad (2.8)$$

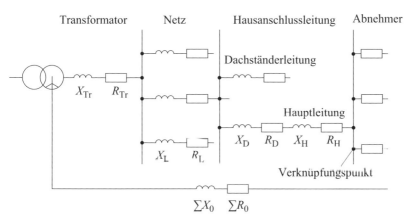

Bild 2.6a Netzimpedanz am Verknüpfungspunkt – Bezugsimpedanz

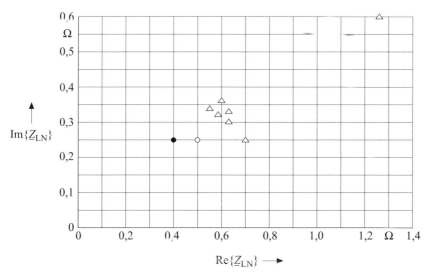

Bild 2.6b Netzimpedanz $\underline{Z}_{LN}$ (Außenleiter-Neutralleiter) am Verknüpfungspunkt in mehreren europäischen Ländern, 95-%-Quantile
○ Deutschland
● Bezugsimpedanz nach IEC 60725:2005

Aus Gl. (2.2) geht hervor, dass die Impedanz $\underline{Z}_k$ am Verknüpfungspunkt einer Anlage oder eines Geräts eine wesentliche Rolle spielt. Der Verknüpfungspunkt ist der Punkt im öffentlichen Netz, an dem weitere Verbraucher anschlossen sind oder angeschlossen werden können. Besonders im Niederspannungsnetz ist die Impedanz stark ortsabhängig. Man hat deshalb die Impedanz am Verknüpfungspunkt im Niederspannungsnetz (**Bild 2.6a**) in vielen europäischen Ländern gemessen (UNIPEDE) und statistisch ausgewertet. In **Bild 2.6b** sind die 95-%-Werte der Schleifenimpedanz Außenleiter–Neutralleiter eingetragen, d. h., in den betreffenden Ländern war die Impedanz in 95 % aller Fälle kleiner oder gleich dem eingetragenen Wert.

Die Bezugsimpedanz ist in IEC 60725:2005 genormt. Damit kann ein Bezugsnetz definiert werden (**Bild 2.7**).

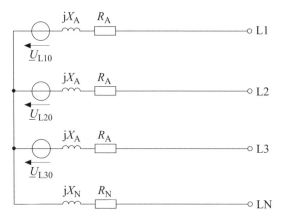

Bild 2.7 Bezugsnetz nach IEC 60725:2005 [2.2]

U_{L10}, U_{L20}, U_{L30}: Nennwert 230 V

$R_A + jX_A = 0{,}24\ \Omega + j0{,}15\ \Omega$

$R_N + jX_N = 0{,}16\ \Omega + j0{,}10\ \Omega$

Spannungsschwankungen können im Drehstromnetz sowohl symmetrisch als auch unsymmetrisch auf die drei Außenleiter verteilt sein. Symmetrische Lasten bewirken an der Kurzschlussimpedanz des Netzes in allen drei Außenleitern dieselben Spannungsfälle.

Spannungsschwankungen werden u. a. verursacht durch:

- Ein- und Ausschaltvorgänge größerer Lasten

- Motoren beim Anlauf und bei Laständerungen

- gepulste Leistungen
  (Schwingungspaketsteuerungen, Thermostatsteuerungen)
  Schwingungspaketsteuerungen werden in einer Vielzahl von Haushaltsgeräten,
  z. B. in elektronischen Durchlauferhitzern und in Kochstellen, zur Leistungssteuerung bzw. -regelung eingesetzt.

- Windenergieanlagen im Netzparallelbetrieb

Spannungsschwankungen stören den Betrieb empfindlicher Geräte und Einrichtungen. Insbesondere rufen sie Helligkeitsschwankungen in Beleuchtungseinrichtungen, so genannte Flicker, hervor. Als Referenzlampe dient die 230-V/60-W-
Glühlampe. „Flicker ist der subjektive Eindruck von Leuchtdichteänderungen."
Leuchtdichteänderungen (Helligkeitsschwankungen) können wahrgenommen
(bemerkt) oder als störend empfunden werden. Die Störwirkung von Spannungschwankungen hängt von der Höhe, der Wiederholrate und der Kurvenform der
Spannungsänderungen ab.

Der Anlaufvorgang eines Motors tritt lediglich nach dem Einschalten, also zu
Anfang der Betriebsdauer, eines Motors auf, wobei die Betriebsdauer je nach
Anwendungszweck zwischen Bruchteilen einer Minute und einigen Wochen liegen
kann. Der Anlaufvorgang eines Motors wird deshalb anders zu beurteilen sein als
der Betrieb eines Motors mit Wechsellast, z. B. eines Sägegatters.

Seltene Helligkeitsänderungen werden eher toleriert als häufig auftretende. Die
Ergebnisse von Personenversuchen wurden in einer Störkurve, der „Flicker-Kurve"
(**Bild 2.8**), zusammengefasst. Es ist jedoch zu bemerken, dass diese Kurve nur
die Ergebnisse der Personenversuche darstellt. Sie darf nicht dahingehend inter-
pretiert werden, dass Spannungsschwankungen mit Wiederholraten größer als
$r = 1800$ min^{-1} nicht flickerrelevant sind.

Die Wiederholrate r gibt die Anzahl der Spannungsänderungen im 1-min-Zeit-
intervall an. Für periodische Spannungsschwankungen gilt die Umrechnung

$$\frac{r}{\text{min}^{-1}} = \frac{120\,f_F}{\text{Hz}} \tag{2.9}$$

Die Bezugsgröße ist der ungestörte Effektivwert U der Versorgungsspannung. Störkurve bedeutet, dass im Laborversuch 80 % der Versuchspersonen die dargebotenen
Helligkeitsschwankungen der vorgegebenen Häufigkeit und Amplitude als „störend" eingestuft haben. Helligkeitsschwankungen sind dann als „störend" einzustu-
ten, wenn sie bei länger andauerndem Auftreten zu Beschwerden Anlass geben. Die
Flicker-Kurve stellt damit die Grenzwerte zulässiger Spannungsänderungen für
rechteckförmige Amplitudenvariation im Tastverhältnis 1:1 dar. Diese Kurve bildet
die Basis für das Flicker-Bewertungsverfahren.

Sie dient der Begrenzung der Rückwirkung von Niederspannungsgeräten mit kurzer
Einschaltdauer, die durch ihr Betriebsverhalten Laststöße verursachen. Zu dieser

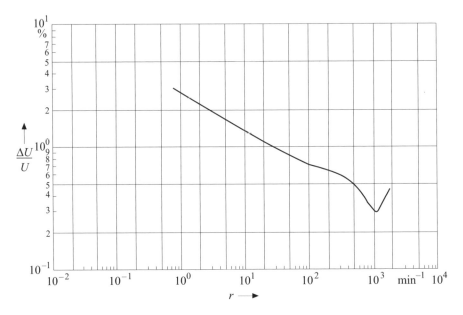

Bild 2.8 Flicker-Kurve (regelmäßige rechteckförmige Spannungsänderungen)
relative Spannungsänderung $\Delta U/U$ in Abhängigkeit von der Anzahl der Spannungsänderungen r/min^{-1}

Gerätegruppe zählen z. B. alle Geräte mit elektronischen oder elektromechanischen Energiereglern, die z. B. in modernen Herden oder Durchlauferhitzern eingesetzt werden.

Bei symmetrisch geschalteten Geräten mit beliebiger Schalthäufigkeit kann im Regelfall bei Kurzzeitbetrieb (ununterbrochene Benutzungsdauer kleiner als 0,5 h) davon ausgegangen werden, dass elektrische Verbrauchsgeräte dann keine unzulässigen Spannungsschwankungen erzeugen, wenn ihre Leistungen folgende Grenzwerte nicht überschreiten:

Anschluss zwischen Außenleiter und Neutralleiter   400 W

Anschluss zwischen zwei Außenleitern   1000 W

Drehstromanschluss mit symmetrischer Belastung   2000 W

Die angegebenen Grenzleistungen für symmetrisch geschaltete Geräte erhöhen sich für Schalthäufigkeiten (Wiederholrate) $r < 1000 \text{ min}^{-1}$ entsprechend der folgenden **Tabelle 2.1**. Die Tabellenwerte dienen als Anhaltswerte; sie sind nicht normativ im Sinne der Norm DIN EN 61000-3-3 (VDE 0838-3):2002-05.

Werden die oben genannten Leistungsgrenzwerte wesentlich überschritten, dann sind gesonderte Untersuchungen notwendig, die in den folgenden Abschnitten näher

Wiederholrate r/min^{-1}	Anschluss zwischen		
	Außen- und Neutralleiter	zwei Außenleitern	drei Außenleitern
1000	0,4 kW	1,0 kW	2,0 kW
500	0,6 kW	1,5 kW	3,2 kW
100	1,0 kW	2,4 kW	4,8 kW
10	1,7 kW	4,3 kW	8,7 kW
5	2,3 kW	5,6 kW	11,3 kW
4	2,5 kW	6,0 kW	12,0 kW
3	2,7 kW	6,6 kW	13,3 kW
2	2,9 kW	7,3 kW	14,7 kW
1	3,7 kW	9,2 kW	18,7 kW

Tabelle 2.1 Grenzwerte der Anschlussleistung bei symmetrisch geschalteten Geräten (rechteckförmige Spannungsschwankungen), Anhaltswerte [2.3]

betrachtet werden. Dies gilt insbesondere auch für beliebige, nicht rechteckförmige Spannungschwankungen.

Wenn die Spannungsänderungen in gleichen Zeitabschnitten auftreten, dann kann man entweder die Anzahl der Änderungen pro Minute oder das Zeitintervall zwischen den Änderungen betrachten. Dieses Zeitintervall wird als Flicker-Nachwirkungszeit t_f bezeichnet. **Bild 2.9** zeigt den aus der Flicker-Kurve abgeleiteten Zeitverlauf.

Es gilt

$$\frac{t_f}{s} = \frac{60}{r/\text{min}^{-1}} \qquad (2.10)$$

Die Flicker-Nachwirkungszeit findet Anwendung bei der analytischen Berechnung der Flickerstärke. Sie soll an dieser Stelle nur formal eingeführt werden. Weitergehende Betrachtungen über deren Bedeutung findet man in [2.1].

Die Störkurve ist von der Bemerkbarkeitskurve zu unterscheiden. Die Bemerkbarkeitskurven wurden ebenfalls in Personenversuchen ermittelt.

Dazu wurden in einem Raum Glühlampen an einer periodisch schwankenden Spannung betrieben. Die Versuchspersonen hatten die Aufgabe, die Amplitude der Spannungsschwankungen so lange zu verändern, bis eine gleich bleibende Lichthelligkeit erreicht wurde. Man bezeichnet diesen Grenzwert als die Bemerkbarkeits-

33

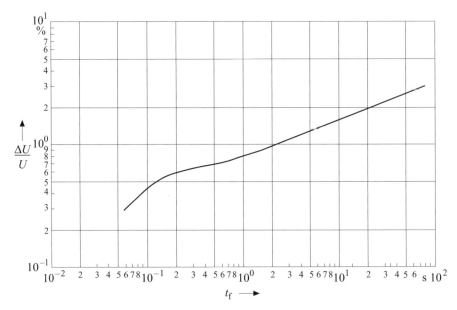

Bild 2.9 Flickernachwirkungszeit t_f

relative Spannungsänderung $\Delta U/U$ in Abhängigkeit von der Flickernachwirkungszeit t_f

schwelle. Die Bemerkbarkeitsschwelle ist abhängig von der Kurvenform, der Höhe und der Frequenz f_F/Hz bzw. Wiederholrate r/min^{-1} der Spannungschwankung.

Die Versuchsergebnisse wurden in zwei Referenzkurven zusammengefasst, den Bemerkbarkeitskurven für sinusförmige und rechteckförmige Spannungsschwankungen (**Bild 2.10**). Die dargestellten Kurven sind als Kurven im statistischen Mittel zu verstehen, d. h. 50 % der Versuchspersonen haben die jeweiligen Spannungsschwankungen gerade noch als „Flicker" wahrgenommen.

Für eine Wiederholrate von $r = 1052$ min^{-1} bzw. der Frequenz $f_F = 1052/120$ Hz $= 8,8$ Hz erhält man für rechteckförmige Spannungsschwankungen:

- Bemerkbarkeitsgrenze $\Delta U/U = 0{,}199$ % (Bild 2.10)
- Störgrenze $\Delta U/U = 0{,}29$ %   (Bild 2.8)

Ein Maß für die Störwirkung von Helligkeitsschwankungen ist die Flickerstärke P_{st} bzw. der Flickerstörfaktor A_{st}. Die Flickerstärke wird mit einem Flickermeter gemessen.

34

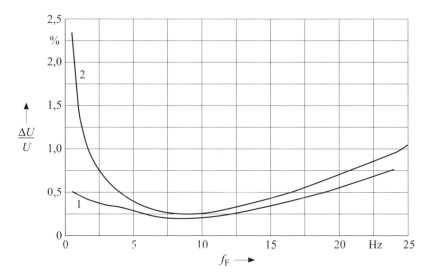

Bild 2.10 Bemerkbarkeitskurven für (1) rechteck- und (2) sinusförmige Spannungsschwankungen; relative Spannungsänderung $\Delta U/U$ in Abhängigkeit von der Flickerfrequenz f_F

Literatur

[2.1] *Mombauer, W.:*
EMV
Messung von Spannungsschwankungen und Flickern mit dem IEC-Flickermeter
Theorie, Normung nach VDE 0847-4-15 (EN 61000-4-15) – Simulation mit Turbo-Pascal
VDE-Schriftenreihe Band 109, VDE VERLAG, Berlin und Offenbach, 2000

[2.2] IEC 60725:2005-05
Consideration of reference impedances and public supply network impedances for use in determining disturbance characteristics of electrical equipment having a rated current ≤ 75 A per phase

[2.3] Techn. Anschlussbedingungen für den Anschluss an das Niederspannungsnetz TAB, 1991; Hrgg. von der Vereinigung Deutscher Elektrizitätswerke –VDEW – e.V.;
VDEW-Verlag, Frankfurt a. M., 1991

3 Flickermeter

Die Anforderungen an ein Flickermeter sind in DIN EN 61000-4-15 (VDE 0847-4-15):2003-10 [3.1] genormt. Eine ausführliche Beschreibung des IEC-Flickermeters findet man in Band 109 der VDE-Schriftenreihe [3.2].

Das Flickermeter ist in fünf Funktionsblöcke unterteilt. Block 1 ist ein Spannungsregelkreis. In den Blöcken 2 bis 4 werden die 230-V/60-W-Glühlampe (Referenzlampe) und das menschliche Wahrnehmungssystem (Auge-Gehirn-Modell – im Wesentlichen eine Folge von Filtern) nachgebildet. Block 5 ist ein Statistik-Block zur Ermittlung der Flickerstärke nach dem P_{st}-Verfahren.

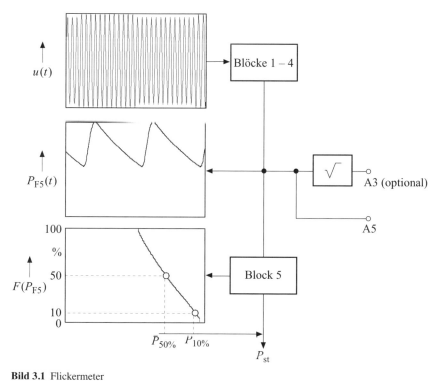

Bild 3.1 Flickermeter
Vereinfachtes Blockschaltbild mit den wichtigsten Signalen
Eingetragen sind als Beispiel die Quantile $P_{50\%}, P_{10\%}$ mit $u(t)$ als rechteckförmige
Spannungsschwankung

37

Die Filtereigenschaften des Flickermeters sind so beschaffen, dass bei Vorgabe von Spannungsschwankungen entsprechend den Bemerkbarkeitskurven das Ausgangssignal den Spitzenwert $\hat{P}_{F5} = 1{,}0$ ergibt. Das Flickermeter stellt fünf analoge Ausgangssignale (einige sind optional) zur Verfügung. Praktische Bedeutung haben die Signale an den Ausgängen 3 und 5; mit $P_{F3}(t)$ und $P_{F5}(t)$ bezeichnet.

Das Blockschaltbild des IEC-Flickermeters mit den wichtigsten Signalen ist in **Bild 3.1** dargestellt.

Das Flickermeter liefert bei einer schwankenden Eingangsspannung ein Zeitsignal am Ausgang 5 (A5) $P_{F5}(t)$, das eine Aussage über die momentane Bemerkbarkeit von Flicker zulässt. Eine Versuchsperson würde im statistischen Mittel die Helligkeitsschwankungen einer Glühlampe in gleicher Weise beurteilen.

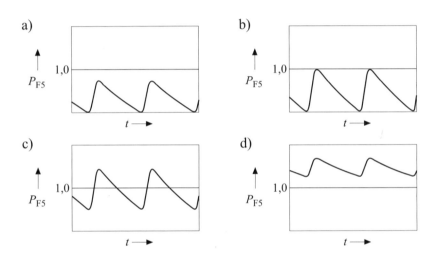

Bild 3.2 Bedeutung des Signals am Ausgang 5
a) nicht bemerkbarer Flicker
b) Flicker an der Bemerkbarkeitsgrenze
c) abschnittsweise bemerkbarer Flicker (in den Zeitabschnitten, in denen $P_{F5}(t) > 1{,}0$ ist)
d) dauernd bemerkbarer Flicker

schwankende Spannung → Flickermeter → Zeitsignal $P_{F5}(t)$

● Das Ausgangssignal $P_{F5}(t)$ ist quadratisch von der Höhe der relativen Spannungsänderung abhängig.

Zusätzlich zum Signal am Ausgang 5 wird das Signal am Ausgang 3 (A3) gebildet

$$P_{F3}(t) = \sqrt{P_{F5}(t)} \qquad (3.1)$$

- Das optionale Ausgangssignal $P_{F3}(t)$ ist proportional zur Amplitude der relativen Spannungsänderung.

Das Signal $P_{F5}(t)$ am Ausgang 5 liefert zwar unmittelbar eine Aussage über die Bemerkbarkeit von Flicker; zur Beurteilung der Flickerwirkung von Flicker erzeugenden Einrichtungen ist es aber ungeeignet. Ein Ziel ist es deshalb, aus dem Zeitsignal eine Maßzahl für die Beurteilung der Störwirkung von Spannungsschwankungen herzuleiten.

Der Block 5 dient zur statistischen Auswertung des „momentanen Flickereindrucks" $P_{F5}(t)$. Eine wahrnehmbare Leuchtdichteänderung wird erst ab einer bestimmten Wiederholrate als „störend" empfunden. Das Störempfinden ist abhängig von der Kurvenform und der Amplitude der Spannungsschwankung sowie der Wiederholrate. Hier spielt das physiologische Wahrnehmen und Wiedervergessen eine entscheidende Rolle. Personenversuche haben ergeben, dass das Störempfinden ein kumulatives Verhalten aufweist. Die Summenhäufigkeitsfunktion $F(P_{F5})$ des momentanen Flickereindrucks $P_{F5}(t)$ über eine festgelegte Beobachtungsdauer ist daher eine geeignete Beschreibungsgröße für das Störempfinden. Aus der zugehörigen Summenhäufigkeitsfunktion wird anschließend der P_{st}-Wert nach folgender Vorschrift berechnet.

$$P_{st} = \sqrt{\sum_i a_i P_{i\%}} \tag{3.2}$$

$$P_{st} = \sqrt{0{,}0314 \cdot P_{0{,}1\%s} + 0{,}0525 \cdot P_{1\%s} + 0{,}0657 \cdot P_{3\%s} + 0{,}28 \cdot P_{10\%s} + 0{,}08 \cdot P_{50\%s}}$$

mit

$$P_{50\%s} = \frac{\left(P_{30\%} + P_{50\%} + P_{80\%}\right)}{3}$$

$$P_{10\%s} = \frac{\left(P_{6\%} + P_{8\%} + P_{10\%} + P_{13\%} + P_{17\%}\right)}{5}$$

$$P_{3\%s} = \frac{\left(P_{2{,}2\%} + P_{3\%} + P_{4\%}\right)}{3} \tag{3.3}$$

$$P_{1\%s} = \frac{\left(P_{0{,}7\%} + P_{1\%} + P_{1{,}5\%}\right)}{3}$$

$$P_{0{,}1\%s} = P_{0{,}1\%}$$

Darin ist $P_{i\%}$ der Pegel, der in i % der Beobachtungsdauer vom Signal am Ausgang 5 überschritten wird. Die Koeffizienten a_i wurden so bestimmt, dass eine möglichst gute Anpassung an $P_{st} = 1{,}0$ für alle Wertepaare der Flicker-Kurve gewährleistet ist. Die ($P_{st} = 1$)-Kurve ist in **Bild 3.3** dargestellt. Die ($P_{st} = 1$)-Kurve stimmt in guter Näherung mit der empirisch gefundenen Flicker-Kurve (Bild 2.8) überein.

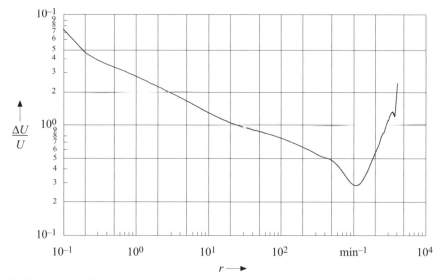

Bild 3.3 (P_{st} = 1)-Kurve

a)

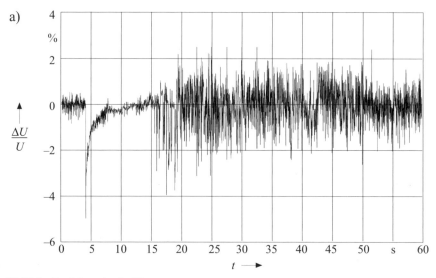

Bild 3.4 a Ermittlung des P_{st}-Werts;
relative Spannungsschwankung $\Delta U(t)/U$ (Lichtbogenofen)

Die Ermittlung des P_{st}-Werts wird anhand eines Beispiels (**Bild 3.4**) verdeutlicht. Ermittelt werden soll der P_{st}-Wert im 1-min-Intervall ($P_{st,1min}$).

b)

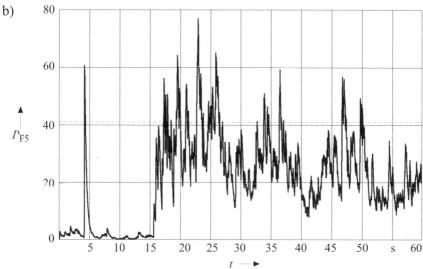

Bild 3.4 b Ermittlung des P_{st}-Werts;
Signal am Ausgang 5, $P_{F5}(t)$

c)

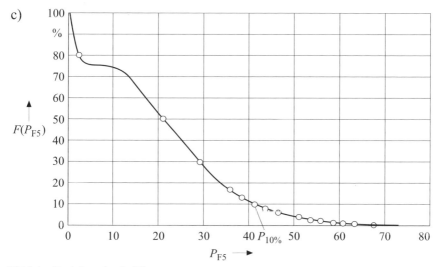

Bild 3.4 c Ermittlung des P_{st}-Werts;
Summenhäufigkeitsfunktion mit Quantile

41

In Bild 3.4a ist der besseren Übersichtlichkeit halber anstelle von $u(t)$ die gemessene Spannungsschwankung $\Delta U(t)/U$ und in Bild 3.4b das Signal am Ausgang 5, $P_{F5}(t)$, dargestellt. Aus der Summenhäufigkeitsfunktion (Bild 3.4c) werden die folgenden Quantile abgelesen:

$P_{0,1\%}$ = 73,0

$\left.\begin{array}{l} P_{0,7\%} = 62,8 \\ P_{1\%} = 60,5 \\ P_{1,5\%} = 58,2 \end{array}\right\}$ $P_{1\%s} = 60,5$

$\left.\begin{array}{l} P_{2,2\%} = 55,4 \\ P_{3\%} = 52,7 \\ P_{4\%} = 50,6 \end{array}\right\}$ $P_{3\%s} = 52,9$

$\left.\begin{array}{l} P_{6\%} = 46,5 \\ P_{8\%} = 43,6 \\ P_{10\%} = 41,2 \\ P_{13\%} = 38,4 \\ P_{17\%} = 35,7 \end{array}\right\}$ $P_{10\%s} = 41,1$

$\left.\begin{array}{l} P_{30\%} = 29,0 \\ P_{50\%} = 21,0 \\ P_{80\%} = 2,5 \end{array}\right\}$ $P_{50\%s} = 17,5$

Beispielsweise bedeutet $P_{10\%} = 41,2$, dass das Signal am Ausgang 5 den Pegel von 41,2 für einen Zeitraum von insgesamt 10 % $\cdot$ 60 s = 6 s (bei einer Beobachtungsdauer von $T_P = 1$ min) überschritten hat, d. h., $P_{F5}(t)$ war für insgesamt 6 s größer als 41,2.

Nach Einsetzen in die P_{st}-Formel folgt:

$$P_{st,1\,min} = \sqrt{0,0314 \cdot 73,0 + 0,0525 \cdot 60,5 + 0,0657 \cdot 52,9 + 0,28 \cdot 41,1 + 0,08 \cdot 17,5}$$
$$= 4,68$$

● Der P_{st}-Wert ist proportional zur Amplitude der relativen Spannungsänderung. Die Störgrenze ist $P_{st} = 1,0$.

$P_{st} = 1$ bedeutet störende Flicker-Erscheinungen. In P_{st}-Einheiten ausgedrückt, liegt die Bemerkbarkeitsgrenze bei $P_{st} \approx 0,7$.

Der P_{st}-Wert ist von der Beobachtungsdauer abhängig. In der Norm [3.1] wird deshalb die Beobachtungsdauer festgelegt. Als Beobachtungsdauer T_P werden zwei unterschiedliche Zeitintervalle vorgegeben: T_{kurz} und T_{lang}.

- T_{kurz} kann zwischen 1 min, 5 min, 10 min und 15 min gewählt werden.

Die im Kurzzeitintervall ermittelte „Kurzzeit-Flickerstärke" wird mit P_{st} (st = short term) bezeichnet. Ohne zusätzliche Angabe wird mit P_{st} die Kurzzeitflickerstärke im 10-min-Intervall bezeichnet. In allen anderen Fällen ist die Beobachtungszeit aus dem Kontext der Betrachtung zu entnehmen – es wird jedoch empfohlen, die zugehörige Flickerstärke in der Form $P_{\text{st,1min}} = 0{,}77$ anzugeben.

Das Langzeitintervall ist immer ein ganzzahliges Vielfaches des Kurzzeitintervalls von 10 min.

$$T_{\text{Lang}} = n \cdot T_{\text{Kurz}} \qquad (3.4)$$

Die zu T_{lang} gehörende „Langzeit-Flickerstärke" wird mit P_{lt} (lt = long term) bezeichnet. P_{lt} wird aus N lückenlos aufeinander folgenden P_{st}-Werten nach folgender Vorschrift gebildet:

$$P_{\text{lt}} = \sqrt[3]{\frac{1}{N} \sum_{i=1}^{N} P_{\text{st},i}^3} \qquad (3.5)$$

T_{lang} kann zwischen mehreren Stunden und Tagen, bis zu sieben Tagen, gewählt werden.

Beispielsweise ist für die Messung der Langzeitflickerstärke nach EN 61000-3-3 (VDE 0838-3):2002-05 $T_{\text{lang}} = 2$ h vorgeschrieben.

Der P_{st}-Wert ist abhängig von

- der Höhe der relativen Spannungsänderung

- der Form der relativen Spannungsänderung

- der Wiederholrate bei diskreten Spannungsänderungsverläufen

- der Beobachtungsdauer T_{P}

Für periodische Spannungsschwankungen mit $f_{\text{F}} > 1/120$ Hz ist die Flickerstärke unabhängig von der Beobachtungsdauer T_{P}.

Das vorstehend beschriebene Beurteilungsverfahren ist im Flickermeter in Form einer Rechenroutine implementiert. Das Flickermeter liefert im einfachsten Fall die Kurzzeit- bzw. Langzeitflickerstärke in Form einer ziffernmäßigen Anzeige.

Literatur

[3.1] DIN EN 61000-4-15 (VDE 0847-4-15):2003-10
       Elektromagnetische Verträglichkeit (EMV)
       Teil 4-15 : Prüf- und Messverfahren –
       Flickermeter- Funktionsbeschreibung und Auslegungsspezifikation

[3.2] *Mombauer, W.:*
       EMV
       Messung von Spannungsschwankungen und Flickern mit dem
       IEC-Flickermeter
       Theorie, Normung nach VDE 0847-4-15 (EN 61000-4-15) – Simulation mit
       Turbo-Pascal
       VDE-Schriftenreihe Band 109, VDE VERLAG, Berlin und Offenbach, 2000

[3.3] DIN EN 61000-3-3 (VDE 0838-3):2002-05
       Elektromagnetische Verträglichkeit (EMV)
       Teil 3-3: Grenzwerte – Begrenzung von Spannungsänderungen, Spannungs-
       schwankungen und Flicker in öffentlichen Niederspannungs-Versorgungs-
       netzen für Geräte mit einem Bemessungsstrom ≤ 16 A je Leiter, die keiner
       Sonderanschlussbedingung unterliegen

44

4   Summationsgesetz für Flicker

Flicker, die von mehreren unabhängigen Anlagen verursacht werden, überlagern sich in ihrer Wirkung zu einem gemeinsamen Flickerpegel.

Sind $P_{st,1}$, $P_{st,2}$ usw. die Flickerstärken der einzelnen, voneinander unabhängigen Anlagen, dann erhält man für den gemeinsamen Flickerpegel

$$P_{st,g} = \alpha \sqrt{\sum_{i=1}^{N} P_{st,i}^{\alpha}} \qquad (4.1)$$

bzw. für N gleiche $P_{st,i}$-Werte

$$P_{st,g} = \alpha\sqrt{N P_{st,i}^{a}} \qquad (4.2)$$

Der Exponent α ist abhängig vom jeweiligen Prozess und wird in der Literatur meist zu $\alpha = 3$ angegeben.

Die folgenden Betrachtungen [4.1] zeigen jedoch, dass es kein einfaches Summationsgesetz mit einem konstanten Exponenten α gibt. Die (P_{st} = 1)-Kurve für rechteckförmige Spannungsschwankungen ist genormt [4.2]. Die Gültigkeit des Summationsgesetzes lässt sich daher in einfacher Weise überprüfen.

$\dfrac{r}{\text{min}^{-1}}$	N_{10}	$\dfrac{\Delta U/U}{\%}$	$P_{st,S}$ (P_{st} = 1)-Kurve)	$P_{st,1}$ (N_{10} = 1)	α_{10}	$P_{st,g} = \alpha_{10}\sqrt{N_{10} P_{st,1}^{\alpha_{10}}}$	$\dfrac{\varepsilon}{\%} = 100\,\dfrac{P_{st,g} - P_{st,s}}{P_{st,s}}$
0,1	1	7,40	1,0				
0,2	2	4,55	1,0				
0,1	1	4,55		$\dfrac{4,55}{7,40} = 0,62$			
0,2	2	4,55	1,0	0,62	1,42	1,00	0
0,2	2	4,55	1,0	0,62	2,00	0,87	−13
0,2	2	4,55	1,0	0,62	3,00	0,78	−22

Tabelle 4.1a Überprüfung des Summationsgesetzes anhand der (P_{st} = 1)-Kurve (Vereinbarungsgemäß wird der zehnminütige P_{st}-Wert ohne weiteren Zusatz angegeben.)

$\dfrac{r}{\min^{-1}}$	N_1	$\dfrac{\Delta U/U}{\%}$	$P_{st,1min,s}$ ($P_{st}=1$)-Kurve	$P_{st,1min,l}$ ($N_1=1$)	α_1	$P_{st,1min,g}=$ $\alpha_1\sqrt{N_1 P_{st,1min,l}^{\alpha_1}}$	$\dfrac{\varepsilon}{\%}=$ $100\,\dfrac{P_{st,1min,g}-P_{st,1min,s}}{P_{st,1min,s}}$
1	1	2,72	1,0				
2	2	2,21	1,0				
1	1	2,21		$\dfrac{2,21}{2.72}=0,81$			
2	2	2,21	1,0	0,81	3,17	1,00	0
2	2	2,21	1,0	0,81	3,00	1,02	−2

Tabelle 4.1b Überprüfung des Summationsgesetzes anhand der ($P_{st}=1$)-Kurve

Die Auswertung von **Tabelle 4.1** zeigt, dass der Exponent α auch von der Beobachtungsdauer T_P abhängig ist. Zur Unterscheidung wird daher der Exponent zur Berechnung des einminütigen $P_{st,1min}$-Werts mit α_1 bzw. des zehnminütigen P_{st}-Werts mit α_{10} bezeichnet. N_1 ist die Anzahl der Spannungsänderungen im 1-min-Intervall; N_{10} die Anzahl der Spannungsänderungen im 10-min-Intervall.

Die Ursache für dieses Verhalten liegt in der nichtlinearen Abhängigkeit des P_{st}-Verfahrens von der Beobachtungsdauer (**Bild 4.1**) für nichtperiodische Prozesse, z. B.

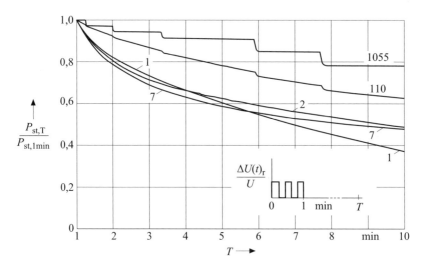

Bild 4.1 Abhängigkeit der auf $P_{st,1min}$ normierten Flickerstärke $P_{st,T}$ von der Beobachtungdauer T für rechteckförmige Spannungsschwankungen; Parameter: $r/\min^{-1}$

für einzelne Schalthandlungen. Dabei ist vorausgesetzt, dass der Prozess nur in der ersten Minute Flicker erzeugt ($P_{st,1min}$) – in der restlichen Zeit sind keine Flicker vorhanden.

Aus dem Verlauf der Kurve lässt sich für eine einzelne äquivalente, sprungförmige Spannungsänderung folgende einfache Gesetzmäßigkeit herleiten:

$$P_{st,T} = e^{-0,1\frac{T}{min}} P_{st,1\,min} \tag{4.3}$$

Beispiel 4.1

Der Anlauf eines Motor erzeugt im 1-min-Intervall die Flickerstärke $P_{st,1min} = 0,83$.

Der Motoranlauf würde dann im 10-min-Intervall ($T = T_P = 10$ min) die Flickerstärke $P_{st} = P_{st,10min} = e^{-0,1 \cdot 10} \cdot 0,83 = 0,31$ erzeugen.

Bild 4.2 zeigt die Abhängigkeit des Exponenten α von der Anzahl der Änderungen N im 1-min- bzw. 10-min-Intervall für voneinander unabhängige Spannungsänderungen.

Spannungsänderungen sind dann unabhängig voneinander, wenn das Zeitintervall zwischen den (äquivalenten) Spannungssprüngen größer als etwa 1 s ist. Damit liegt

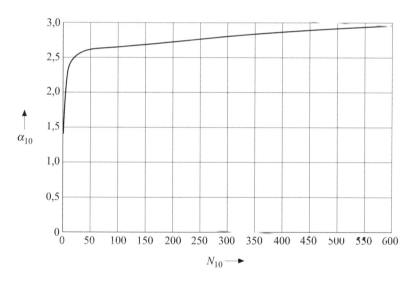

Bild 4.2a Summationsexponent α_{10} in Abhängigkeit von der Anzahl der Spannungsänderungen N_{10} im Beobachtungsintervall $T_P = 10$ min (($P_{st} = 1$)-Kurve für rechteckförmige Spannungsschwankungen)

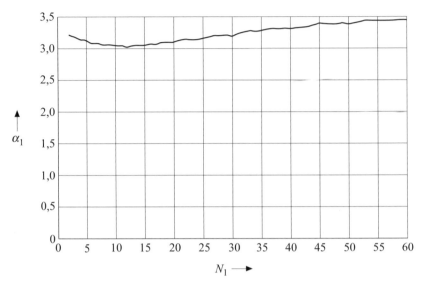

Bild 4.2b Summationsexponent α_1 in Abhängigkeit von der Anzahl der Spannungsänderungen N_1 im Beobachtungsintervall $T_P = 1$ min (($P_{st} = 1$)-Kurve für rechteckförmige Spannungsschwankungen)

die maximale Anzahl der unabhängigen Spannungsänderungen mit $N_1 = 60$ bzw. $N_{10} = 600$ fest.

Die Auswertung von Bild 4.2 ergibt eine deutliche Abhängigkeit des Exponenten α_{10} von der Anzahl der Spannungsänderungen N_{10}; während α_1 für die Bestimmung des $P_{st,1min}$-Werts im Mittel mit $\alpha_1 = 3{,}2$ und in guter Näherung mit $\alpha_1 = 3{,}0$ angesetzt werden kann.

α_{10}	N_{10}	α_{10}	N_{10}
1,4	2	2,4	11…14
1,8	3	2,5	15…26
1,9	4	2,6	27…85
2,0	5	2,7	86…223
2,1	6	2,8	224…363
2,2	7	2,9	364…566
2,3	8…10	3,0	567…600

Tabelle 4.2 Summationsexponent α_{10} in Abhängigkeit von der Anzahl der Spannungsänderungen N_{10} im Beobachtungsintervall $T_P = 10$ min (($P_{st} = 1$)-Kurve für rechteckförmige Spannungsschwankungen)

48

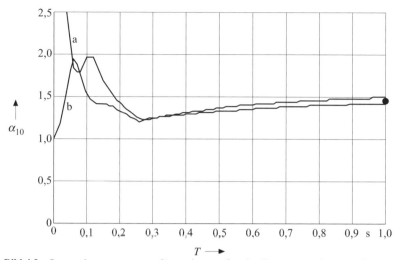

Bild 4.3a Summationsexponent α_{10} für zwei sprungförmige Spannungsänderungen ($P_{st,1} = P_{st,2}$)
a) ungleicher Polarität   b) gleicher Polarität
in Abhängigkeit von dem zeitlichen Abstand T
Für $T > 1$ s streben beide Kurven dem gemeinsamen Wert $\alpha_{10} = 1,45$ (●) zu.

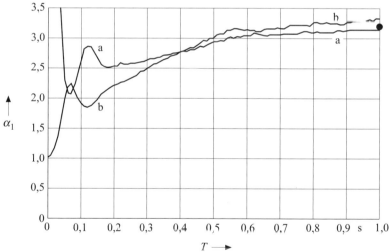

Bild 4.3b Summationsexponent α_1 für zwei sprungförmige Spannungsänderungen
($P_{st,1min,1} = P_{st,1min,2}$)
a) ungleicher Polarität   b) gleicher Polarität
in Abhängigkeit von dem zeitlichen Abstand T
Für $T > 1$ s streben beide Kurven dem gemeinsamen Wert $\alpha_1 = 3,2$ (●) zu.

Für voneinander unabhängige Flicker-Ereignisse ist der Summationsexponent nur abhängig von

- der Anzahl N der Spannungsänderungen im Beobachtungsintervall und
- der Dauer des Beobachtungsintervalls (z. B. 1 min oder 10 min).

Sind die einzelnen Spannungsänderungen nicht unabhängig voneinander, dann kommt es zu einer polaritätsabhängigen Überlagerung der Signale im Flickermeter (Overlapping-Effekt). Der Summationsexponent α ist dann zusätzlich abhängig vom

- zeitlichen Abstand T der Spannungsänderungen und
- von der Polarität der Spannungsänderungen (wechselnde oder gleiche Richtung)

Aus **Bild 4.3** ist ersichtlich, dass jeweils beide Kurven für $T > 1$ s einem gemeinsamen Wert zustreben. Die Spannungsänderungen sind dann unabhängig voneinander; α ist dann nicht mehr polaritätsabhängig.

Das exponenzielle Summationsgesetz gilt prinzipiell auch für die Summation von beliebigen Spannungsänderungsverläufen. Wenn der zeitliche Abstand zwischen zwei Spannungsänderungsverläufen größer als $T = 1$ s ist, dann ist α = const. und unabhängig von T. N ist die Anzahl der unabhängigen Spannungsänderungsverläufe im betrachteten Beobachtungsintervall.

Aus **Bild 4.4** geht hervor, dass für unabhängige Spannungsänderungsverläufe der Exponent α unabhängig von der Form des Spannungsänderungsverlaufs ist. Aufgetragen ist der Exponent α über dem zeitlichen Abstand der Startzeitpunkte T_S der beiden Spannungsänderungsverläufe. Die Spannungsänderungsverläufe überlagern sich nicht, wenn $T = T_S - t_F - t_p - t_t > 0$ gilt; sie sind für $T > 1$ s unabhängig voneinander. Die Spannungsänderungsverläufe in Bild 4.4 wurden so gewählt, dass sie dieselbe Flickerstärke erzeugen.

In Beispiel 4.2 wird das Summationsgesetz mit Hilfe eines Flickersimulationsprogramms [4.3] überprüft.

Beispiel 4.2a: Summationsgesetz für zwei gleiche Spannungsänderungsverläufe

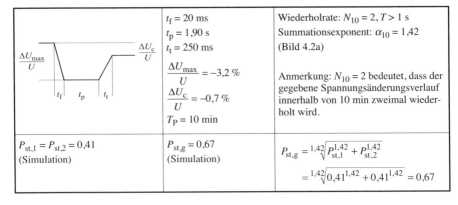

	$t_f = 20$ ms $t_p = 1{,}90$ s $t_t = 250$ ms	Wiederholrate: $N_{10} = 2,\, T > 1$ s Summationsexponent: $\alpha_{10} = 1{,}42$ (Bild 4.2a)
	$\dfrac{\Delta U_{max}}{U} = -3{,}2\ \%$ $\dfrac{\Delta U_c}{U} = -0{,}7\ \%$ $T_P = 10$ min	Anmerkung: $N_{10} = 2$ bedeutet, dass der gegebene Spannungsänderungsverlauf innerhalb von 10 min zweimal wiederholt wird.
$P_{st,1} = P_{st,2} = 0{,}41$ (Simulation)	$P_{st,g} = 0{,}67$ (Simulation)	$P_{st,g} = \sqrt[1,42]{P_{st,1}^{1,42} + P_{st,2}^{1,42}}$ $= \sqrt[1,42]{0{,}41^{1,42} + 0{,}41^{1,42}} = 0{,}67$

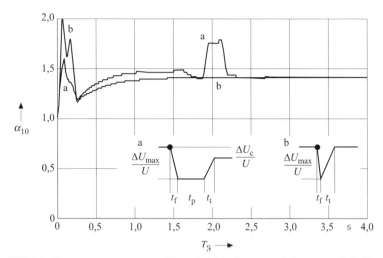

Bild 4.4a Summationsexponent α_{10} für zwei gleiche Spannungsänderungsverläufe ($P_{st,1} = P_{st,2}$) in Abhängigkeit vom zeitlichen Abstand T_S der Startzeitpunkte (●)

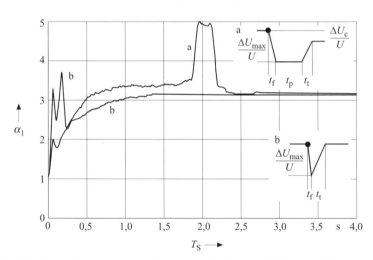

Bild 4.4b Summationsexponent α_1 für zwei gleiche Spannungsänderungsverläufe ($P_{öt,1min,1} = P_{öt,1min,2}$)

a) $t_f = 20$ ms, $t_p = 1{,}90$ s, $t_t = 250$ ms, $\dfrac{\Delta U_{max}}{U} = -3{,}2\,\%$, $\dfrac{\Delta U_C}{U} = -0{,}7\,\%$

b) $t_f = 20$ ms, $t_t = 200$ ms, $\dfrac{\Delta U_{max}}{U} = -4\,\%$, $\dfrac{\Delta U_C}{U} = 0$

in Abhängigkeit von dem zeitlichen Abstand T_S der Startzeitpunkte (●)

Beispiel 4.2b: Summationsgesetz für zwei gleiche Spannungsänderungsverläufe

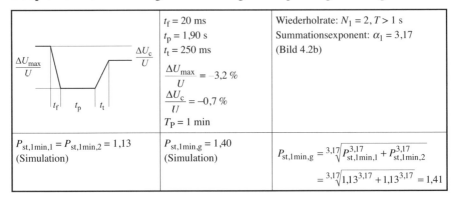

	$t_f = 20$ ms $\\ t_p = 1{,}90$ s $\\ t_t = 250$ ms $\\ \dfrac{\Delta U_{max}}{U} = -3{,}2\ \%$ $\\ \dfrac{\Delta U_c}{U} = -0{,}7\ \%$ $\\ T_P = 1$ min	Wiederholrate: $N_1 = 2, T > 1$ s $\\$ Summationsexponent: $\alpha_1 = 3{,}17$ $\\$ (Bild 4.2b)
$P_{st,1min,1} = P_{st,1min,2} = 1{,}13$ $\\$ (Simulation)	$P_{st,1min,g} = 1{,}40$ $\\$ (Simulation)	$P_{st,1min,g} = \sqrt[3,17]{P_{st,1min,1}^{3,17} + P_{st,1min,2}^{3,17}}$ $\\$ $= \sqrt[3,17]{1{,}13^{3,17} + 1{,}13^{3,17}} = 1{,}41$

Die vorstehenden Betrachtungen gelten für die Summation von gleichen Spannungsänderungsverläufen bzw. für unterschiedliche Spannungsänderungsverläufe, die dieselbe Flickerstärke erzeugen. In beiden Fällen gilt $P_{st,1} = P_{st,2} = \ldots = P_{st,i}$. Ist diese Bedingung nicht erfüllt, d. h. $P_{st,1} \neq P_{st,2} \neq \ldots \neq P_{st,i}$, dann ergeben sich andere Werte für α (**Bild 4.5**). Die dargestellten Kurven gelten für einen willkürlich gewähl-

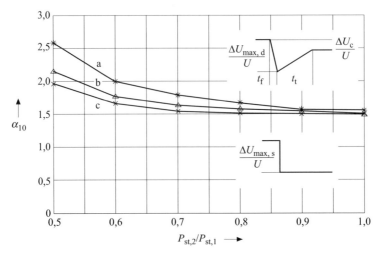

Bild 4.5a Summationsexponent α_{10} für zwei voneinander unabhängige Spannungsänderungsverläufe im 10-min-Intervall in Abhängigkeit vom Verhältnis der einzelnen Flickerstärken $P_{st,2}/P_{st,1}$ und der Form des relativen Spannungsänderungsverlaufs
a) Dreieck–Dreieck
b) Sprung–Sprung
c) Dreieck–Sprung

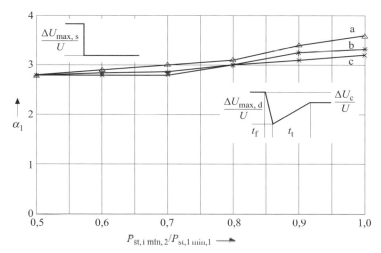

Bild 4.5b Summationsexponent α_1 für zwei voneinander unabhängige Spannungsänderungsverläufe im 1-min-Intervall in Abhängigkeit vom Verhältnis der einzelnen Flickerstärken $P_{st,1min,2}/P_{st,1min,1}$ und der Form des relativen Spannungsänderungsverlaufs

a) Sprung–Sprung

b) Dreieck–Sprung

c) Dreieck–Dreieck

ten Verlauf der dreieckförmigen Spannungsänderung. Für andere Werte von t_f und t_t ergeben sich andere Kurven; der prinzipielle Zusammenhang bleibt jedoch erhalten.

Die Anwendung des exponentiellen Summationsgesetzes zeigt, dass es ausreichend ist, nur diejenigen P_{st}-Werte in der Summation zu berücksichtigen, die größer als $0{,}5\,P_{st,i,max}$ sind; wenn die Anzahl der P_{st}-Werte für die $P_{st,i} < 0{,}5\,P_{st,i,max}$ gilt, nicht wesentlich größer als die Anzahl der P_{st}-Werte mit $P_{st,i} > 0{,}5\,P_{st,i,max}$ ist.

Beispiel 4.3:

$P_{st,i} = 1{,}0;\ 0{,}8;\ 0{,}7$

$$\Rightarrow\quad P_{st,g} = \sqrt[2]{\sum_{i=1}^{3} P_{st,i}^2} = 1{,}46 \quad \text{bzw.} \quad P_{st,g} = \sqrt[3]{\sum_{i=1}^{3} P_{st,i}^3} = 1{,}23$$

$P_{st,i} = 1{,}0;\ 0{,}8;\ 0{,}7;\ 0{,}4;\ 0{,}3;\ 0{,}35$

$$\Rightarrow\quad P_{st,g} = \sqrt[2]{\sum_{i=1}^{6} P_{st,i}^2} = 1{,}58 \quad \text{bzw.} \quad P_{st,g} = \sqrt[3]{\sum_{i=1}^{6} P_{st,i}^3} = 1{,}26$$

Aus **Bild 4.6** ist die Wirkung unterschiedlicher Summationsexponenten auf den resultierenden P_{st}-Wert ersichtlich.

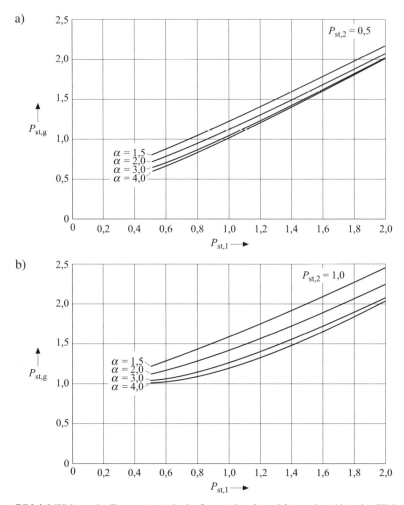

Bild 4.6 Wirkung des Exponenten α in der Summationsformel für zwei unabhängige Flicker $P_{st,1}$ und $P_{st,2}$: $P_{st,g} = \sqrt[\alpha]{P_{st,1}^{\alpha} + P_{st,2}^{\alpha}}$

Zusammenfassend ergeben sich folgende Ergebnisse:

- Der Summationsexponent variiert und ist von mehreren Parametern abhängig. Für eine genaue Berechnung des resultierenden Flickerpegels ist ein angepasster Exponent oder ein Simulationsprogramm [4.3] zu verwenden.

- Für überschlägige Überlegungen sind $\alpha_1 = 3{,}0$ und $\alpha_{10} = 2{,}0$ ein guter Kompromiss.

54

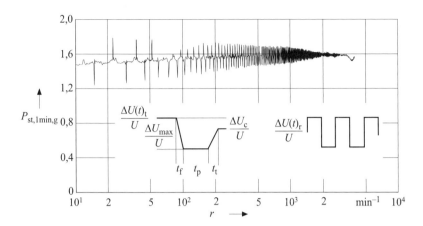

Bild 4.7 Gemeinsame Flickerstärke $P_{st,1min,g}$ für die Überlagerung eines einzelnen trapezförmigen Spannungsänderungsverlaufs $\Delta U(t)_t/U$ mit einer kontinuierlichen rechteckförmigen Spannungsschwankung $\Delta U(t)_r/U$

$P_{st,1min,r} = 1,13$ für alle r

$\Delta U(t)_t/U$; $t_f = 20\,\text{ms}$, $t_p = 1,90\,\text{s}$, $t_t = 250\,\text{ms}$, $\Delta U_{max}/U = -3,2\,\%$, $\Delta U_c/U = -0,7\,\%$ $P_{st,1min,t} = 1,13$

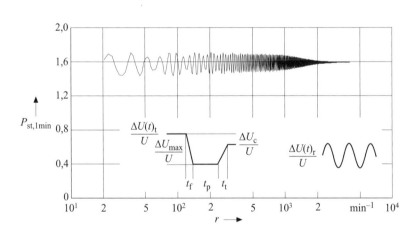

Bild 4.8 Gemeinsame Flickerstärke für die Überlagerung eines einzelnen trapezförmigen Spannungsänderungsverlaufs $\Delta U(t)_t/U$ mit einer kontinuierlichen sinusförmigen Spannungsschwankung $\Delta U(t)_s/U$

$P_{st,1min,s} = 1,13$ für alle $r/\text{min}^{-1} = 120\,f_S/\text{Hz}$

$\Delta U(t)_t/U$; $t_f = 20\,\text{ms}$, $t_p = 1,90\,\text{s}$, $t_t = 250\,\text{ms}$, $\Delta U_{max}/U = -3,2\,\%$, $\Delta U_c/U = -0,7\,\%$

$P_{st,1min,t} = 1,13$

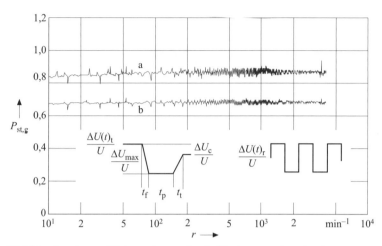

Bild 4.9a Gemeinsame Flickerstärke $P_{st,g}$ für die Überlagerung eines einzelnen trapezförmigen Spannungsänderungsverlaufs $\Delta U(t)_t/U$ mit einer kontinuierlichen rechteckförmigen Spannungsschwankung $P_{st,r} = 0{,}61$ (a) bzw. 0,305 (b) für alle r

$\Delta U(t)_t/U$; $t_f = 20$ ms, $t_p = 1{,}90$ s, $t_t = 250$ ms, $\Delta U_{max}/U = -4{,}8$ %; $\Delta U_c/U = -0{,}9$ %

$P_{st,t} = 0{,}61$

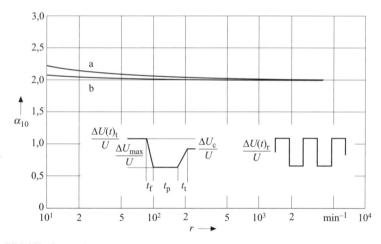

Bild 4.9b Summationsexponent α_{10}

Überlagerung eines einzelnen trapezförmigen Spannungsänderungsverlaufs $\Delta U(t)_t/U$ mit einer kontinuierlichen rechteckförmigen Spannungsschwankung $\Delta U(t)_r/U$

$P_{st,r} = 0{,}61$ (a) bzw. 0,305 (b) für alle r

$\Delta U(t)_t/U$; $t_f = 20$ ms, $t_p = 1{,}90$ s, $t_t = 250$ ms, $\Delta U_{max}/U = -4{,}8$ %, $\Delta U_c/U = -0{,}9$ %

$P_{st,t} = 0{,}61$

Die oben angegebenen Summationsgesetze gelten nur für voneinander unabhängige Prozesse. In der Praxis kann jedoch der Fall auftreten, dass eine Last (Prüfling) an ein (Bezugs-)Netz angeschlossen werden soll, in dem bereits Spannungsschwankungen vorhanden sind. Bezüglich des Anschlusspunkts dieser Last (Prüfling) spricht man von einem Hintergrundflicker mit einer kontinuierlichen stochastischen Spannungsschwankung. Die Spannungsänderungsverläufe sind nicht mehr voneinander unabhängig. In **Bild 4.7** ist beispielsweise die gemeinsame resultierende Flickerstärke $P_{\text{st,1min,g}}$ für die Überlagerung einer rechteck- bzw. in **Bild 4.8** für eine sinusförmigen Spannungsschwankung der Wiederholrate r und der für alle Wiederholraten konstanten Flickerstärke $P_{\text{st,1min,r}}$ bzw. $P_{\text{st,1min,s}}$ und einem einzelnen trapezförmigen Spannungsänderungsverlauf (Beispiel Motoranlauf) mit der Flickerstärke $P_{\text{st,1min,t}}$ dargestellt. Man erkennt eine Abhängigkeit der gemeinsamen Flickerstärke von der Wiederholrate und der Form der kontinuierlichen Spannungsschwankung. **Bild 4.9** zeigt auch eine Abhängigkeit des Summationsexponenten α_{10} vom Verhältnis der einzelnen Flickerstärken zueinander.

Die Kurven lassen die Schlussfolgerung zu, dass ein exponentielles Summationsgesetz nur eine grobe Schätzung des gemeinsamen Flickerpegels bieten kann.

Es ist darauf zu achten, dass sich die Wahl des Exponenten bei der Addition und der Subtraktion unterschiedlich auswirken.

Die folgenden Beispiele verdeutlichen dies.

Summation

$$P_{\text{st,1}} = 0{,}8; \ P_{\text{st,2}} = 0{,}5$$

$$P_{\text{st,g2}} = \sqrt[2]{P_{\text{st,1}}^2 + P_{\text{st,2}}^2} = \sqrt[2]{0{,}8^2 + 0{,}5^2} = 0{,}94$$

$$P_{\text{st,g3}} = \sqrt[3]{P_{\text{st,1}}^3 + P_{\text{st,2}}^3} = \sqrt[3]{0{,}8^3 + 0{,}5^3} = 0{,}86$$

Subtraktion

$$P_{\text{st,1}} = 0{,}8; \ P_{\text{st,2}} = 0{,}5$$

$$P_{\text{st,S2}} = \sqrt[2]{P_{\text{st,1}}^2 - P_{\text{st,2}}^2} = \sqrt[2]{0{,}8^2 - 0{,}5^2} = 0{,}62$$

$$P_{\text{st,S3}} = \sqrt[3]{P_{\text{st,1}}^3 - P_{\text{st,2}}^3} = \sqrt[3]{0{,}8^3 - 0{,}5^3} = 0{,}73$$

Daraus ergibt sich, dass bei der Addition der Exponent $\alpha_{10} = 2$ und bei der Subtraktion der Exponent $\alpha_{10} = 3$ die höheren Werte und damit eine Abschätzung auf der sicheren Seite liefert. Die exponentielle Subtraktion findet bei der Korrektur von Messwerten bei bereits vorhandenem Flicker (Hintergrundflicker) Anwendung.

Für die Langzeit-Flickerstärke P_{lt} lässt sich ebenfalls ein exponentielles Summationsgesetz angeben.

$$P_{\mathrm{lt},g} = \alpha_{2h}\sqrt[\alpha_{2h}]{\sum_{i=1}^{N} P_{\mathrm{lt},i}^{\alpha_{2h}}} \qquad (4.4)$$

Da die Langzeit-Flickerstärke bei lang andauernden Prozessen, die dauernd Flicker erzeugen, angewandt wird, kann der Summationsexponent zwischen $\alpha_{2h} = 2\ldots3$ angesetzt werden. Wenn keine weiteren Informationen bekannt sind, dann sollte, wie in den Normen und Richtlinien angegeben, mit dem Exponenten $\alpha_{2h} = 3{,}0$ gerechnet werden.

Literatur:

[4.1]   *Mombauer, W.:*
        Ein neues Summationsgesetz für Flicker
        etz Elektrotech. Z. 8 (2004) H. 8, S. 2
[4.2]   DIN EN 61000-2-2 (VDE 0839-2-2):2003-02
        Elektromagnetische Verträglichkeit (EMV)
        Teil 2-2: Umgebungsbedingungen – Verträglichkeitspegel für
        niederfrequente leitungsgeführte Störgrößen und Signalübertragung in
        öffentlichen Niederspannungsnetzen
[4.3]   *Mombauer, W.:*
        EMV
        Messung von Spannungsschwankungen und Flickern mit dem
        IEC-Flickermeter
        Theorie, Normung nach VDE 0847-4-15 (EN 61000-4-15) – Simulation mit
        Turbo-Pascal
        VDE-Schriftenreihe Band 109, VDE VERLAG, Berlin und Offenbach, 2000

5 Berechnung der relativen Spannungsänderung – analytisches Verfahren

5.1 Berechnung der relativen Spannungsänderung an der Bezugsimpedanz nach DIN EN 61000-3-3 (VDE 0838-3): 2002-05

Für die analytische Ermittlung der Flickerstärke ist der Spannungsänderungsverlauf an der Bezugsimpedanz Z_{ref} erforderlich. Das Bezugsnetz ist in **Bild 5.1** dargestellt. Für die Geräteprüfung wird eine Prüfimpedanz Z_{Test} verwendet, die für Prüfungen nach DIN EN 61000-3-3 (VDE 0838-3):2002-05 [5.1] gleich der Bezugsimpedanz ist. Die Berechnung der relevanten relativen Spannungsänderung $d = \Delta U/U_n$ ist Gegenstand der folgenden Betrachtung. „d" wird verwendet, wenn die Bezugsspannung gleich der Nennspannung U_n ist.

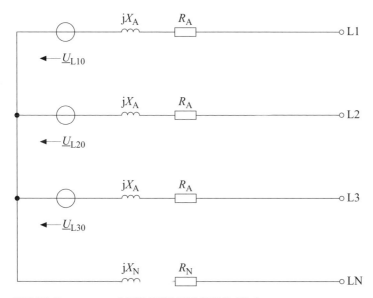

Bild 5.1 Bezugsnetz nach IEC 60725:2005 [5.2] für Niederspannungsnetze
$U_{L10}, U_{L20}, U_{L30}$: Nennwert 230 V
$R_A + jX_A = 0{,}24\ \Omega + j0{,}15\ \Omega$
$R_N + jX_N = 0{,}16\ \Omega + j0{,}10\ \Omega$

Für die Rechnung werden die folgenden Größen verwendet:

$\underline{U}_{L0}$ Spannung zwischen Außenleiter und Neutralleiter, Nennwert 230 V

$\underline{U}_{L10}$ Spannung zwischen Außenleiter L1 und Neutralleiter LN, entsprechend $\underline{U}_{L20}$, $\underline{U}_{L30}$

$\underline{U}_{LL}$ Spannung zwischen zwei Außenleitern, Nennwert 400 V

$\underline{U}_{L31}$ Spannung zwischen den Außenleitern L3 und L1, entsprechend $\underline{U}_{L21}$, $\underline{U}_{L23}$

U_n Nennspannung 230/400 V

1, 2 Index 1 bezieht sich auf die Quellenspannung, z. B. $\underline{U}_{L31,1}$
Index 2 bezieht sich auf die Spannung an der Last (Prüfling), z. B. $\underline{U}_{L10,2}$

I (maximaler) Laststrom, z. B. (maximaler) Anlaufstrom bei Motoren

X_L Reaktanz der Last (Prüfling)

X_A Reaktanz eines Außenleiters

X_N Reaktanz des Neutralleiters

R_L Wirkwiderstand der Last (Prüfling)

R_A Wirkwiderstand eines Außenleiters

R_N Wirkwiderstand des Neutralleiters

$\underline{Z}_{ref}$ Bezugsimpedanz, abhängig von der Anschlussart

$\underline{Z}_{ref,1}$ Schleifen-Impedanz des Prüfkreises beim Anschluss zwischen Außenleiter und Neutralleiter

$$\underline{Z}_{ref,1} = (R_A + R_N) + j(X_A + X_N)$$

$$= (0{,}4 + j0{,}25)\ \Omega = 0{,}47\ \Omega\ e^{j32°} \tag{5.1}$$

$$Z_{ref,1} = |\underline{Z}_{ref,1}| = 0{,}47\ \Omega$$

$\underline{Z}_{ref,2}$ Schleifen-Impedanz beim Anschluss zwischen zwei Außenleitern

$$\underline{Z}_{ref,2} = 2R_A + j2X_A$$

$$= (0{,}48 + j0{,}30)\ \Omega = 0{,}57\ \Omega\ e^{j32°} \tag{5.2}$$

$$Z_{ref,2} = |\underline{Z}_{ref,2}| = 0{,}57\ \Omega$$

$\underline{Z}_{ref,3}$ Impedanz eines Außenleiters bei symmetrischem Drehstromanschluss

$$\underline{Z}_{ref,3} = R_A + jX_A$$

$$= (0{,}24 + j0{,}15)\ \Omega = 0{,}28\ \Omega\ e^{j32°} \tag{5.3}$$

$$Z_{ref,3} = |\underline{Z}_{ref,3}| = 0{,}28\ \Omega$$

$P_L, \Delta P_L$ von der Last (Prüfling) aufgenommene (maximale) Wirkleistung bzw. Wirkleistungsänderung

$Q_L, \Delta Q_L$ von der Last (Prüfling) aufgenommene (maximale) Blindleistung bzw. Blindleistungsänderung

$S_L, \Delta S_L$ von der Last (Prüfling) aufgenommene (maximale) Scheinleistung bzw. Scheinleistungsänderung

S_k dreiphasige Kurzschlussleistung des Prüfkreises

$$S_k = \frac{U_n^2}{Z_{ref}} = \frac{U_n^2}{\sqrt{R_A^2 + X_A^2}} = \frac{(400 \text{ V})^2}{\sqrt{0{,}24^2 + 0{,}15^2} \ \Omega} = 565 \text{ kVA} \tag{5.4}$$

ψ_N Impedanzwinkel (Außenleiter) des Prüfkreises

$$\psi_N = \arctan \frac{X_A}{R_A} = \arctan \frac{0{,}15 \ \Omega}{0{,}24 \ \Omega} = 32° \tag{5.5}$$

φ_L Last- Impedanzwinkel, ungünstigster Lastwinkel für den betrachteten Lastzustand

$$\varphi_L = \arctan \frac{X_L}{R_L} \tag{5.6}$$

In den Gleichungen ist für S_L, P_L, φ_L die jeweils relevante Größe einzusetzen. Dies ist die maßgebliche Größe, die die größte Spannungsänderung für den betrachteten Lastzustand erzeugt. Dies bedeutet beispielsweise für einen Motor im Anlauf die Anlaufscheinleistung, die um das Anlaufstromverhältnis I_a/I_n größer als die Nennleistung S_n ist, und den Phasenwinkel im Anlauf, der aus den Motordaten zu ermitteln ist. Wird hingegen eine Wechsellast betrachtet, dann sind die größte veränderliche Leistung ΔS_L und der zugehörige Nennphasenwinkel zu berücksichtigen.

5.1.1 Anschluss zwischen Außenleiter und Neutralleiter

Das Ersatzschaltbild beim Anschluss der Last zwischen z. B. L1 und LN ist in **Bild 5.2** dargestellt.

Die Spannungsgleichung lautet:

$$\underline{U}_{L10,1} = \underline{U}_{L10,2} + \underline{I}\left[(R_A + R_N) + j(X_A + X_N)\right] = \underline{U}_{L10,2} + \underline{I} \cdot \underline{Z}_{ref,1} \tag{5.7}$$

Das zugehörige Zeigerdiagramm zeigt **Bild 5.3**.

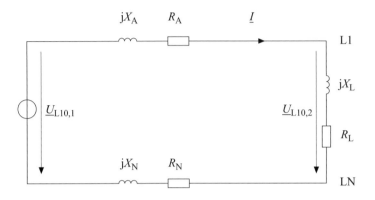

Bild 5.2 Ersatzschaltung: Einphasiger Anschluss der Last (Prüfling) an das Bezugsnetz zwischen L1 und LN

$U_{L10,1}$: Nennwert 230 V

$R_A + jX_A = 0{,}24\,\Omega + j0{,}15\,\Omega$

$R_N + jX_N = 0{,}16\,\Omega + j0{,}10\,\Omega$

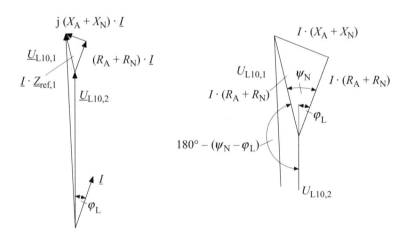

Bild 5.3 Zeigerdiagramm: Einphasiger Anschluss des Prüflings an das Bezugsnetz zwischen L1 und LN

Für die relative Spannungsänderung gilt:

$$\frac{\Delta U}{\left|\underline{U}_{L10,1}\right|} = d_{L10,1} = \frac{\left|\underline{U}_{L10,1}\right| - \left|\underline{U}_{L10,2}\right|}{\left|\underline{U}_{L10,1}\right|}$$

$$= \frac{U_{L10,1} - \left|\underline{U}_{L10,1} - \underline{I}\left[\left(R_A + R_N\right) + j\left(X_A + X_N\right)\right]\right|}{U_{L10,1}}$$

$$= \frac{U_{L10,1} - \left|\underline{U}_{L10,1} - \underline{I} \cdot \underline{Z}_{ref,1}\right|}{U_{L10,1}} \tag{5.8}$$

mit

$$\underline{I} = \frac{\underline{U}_{L10,1}}{\left(R_A + R_N + R_L\right) + j\left(X_A + X_N + X_L\right)} = \frac{\underline{U}_{L10,1}}{\underline{Z}_{ref,1} + \underline{Z}_L} \tag{5.9}$$

Die Bestimmung von d erfordert gewisse Kenntnisse der Netzwerktheorie. Für eine überschlagsmäße Berechnung der relevanten maximalen Spannungsänderung sind einfache Näherungsformeln gebräuchlich. Im Folgenden werden vier unterschiedliche Gleichungen hergeleitet.

Die komplexe Gleichung

$$\left|\underline{U}_{L10,1}\right| = \left|\underline{U}_{L10,2} + \underline{I} \cdot \underline{Z}_{ref,1}\right| \tag{5.10}$$

kann mit Hilfe des Cosinussatzes in eine skalare Gleichung umgeschrieben werden. Aus dem Zeigerdiagramm (Bild 5.3) erhält man

$$U_{L10,1}^2 = U_{L10,2}^2 + \left(Z_{ref,1}I\right)^2 - 2\,U_{L10,2}\,Z_{ref,1}\,I\cos\left(180° - \left(\psi_N - \varphi_L\right)\right) \tag{5.11}$$

Mit $I \cdot Z_{ref,1} \ll U_{L10,1}$ und der Näherungsformel $\sqrt{1 \pm \varepsilon} = 1 + \frac{1}{2}\varepsilon$ für $\varepsilon \ll 1$ und $\cos\left(180° \pm \beta\right) = -\cos\beta$ erhält man weiter[1]

$$U_{L10,1} = \sqrt{U_{L10,2}^2 + 2U_{L10,2}\,Z_{ref,1}\,I\cos\left(\psi_N - \varphi_L\right)}$$

$$= U_{L10,2}\sqrt{1 + \frac{2Z_{ref,1}\,I\cos\left(\psi_N - \varphi_L\right)}{U_{L10,2}}} = U_{L10,2}\left(1 + \frac{Z_{ref,1}\,I\cos\left(\psi_N - \varphi_L\right)}{U_{L10,2}}\right)$$

$$= U_{L10,2} + Z_{ref,1}\,I\cos\left(\psi_N - \varphi_L\right) \tag{5.12}$$

---

[1] Diese Abschätzung bedeutet eine Beschränkung auf den Längsspannungsfall.

$$d_{L10,1} = \frac{\left|\underline{U}_{L10,1}\right| - \left|\underline{U}_{L10,2}\right|}{\left|\underline{U}_{L10,1}\right|} = \frac{U_{L10,2} + Z_{ref,1}\, I \cos\left(\psi_N - \varphi_L\right) - U_{L10,2}}{U_{L10,1}}$$

$$= \frac{Z_{ref,1}\, I \cos\left(\psi_N - \varphi_L\right)}{U_{L10,1}} \tag{5.13}$$

Beim Anschluss zwischen einem anderen Außenleiter und Neutralleiter ergeben sich dieselben Ausdrücke.

Daher gilt für den einphasigen Anschluss allgemein:

$$d_{L0} = \frac{Z_{ref,1}\, I \cos\left(\psi_N - \varphi_L\right)}{U_{L0}} \tag{5.14}$$

Nach Anwendung des Additionstheorems auf die cos-Funktion in Gl. (5.14)

$$d_{L0} = \frac{Z_{ref,1} I}{U_{L0}}\left(\cos\psi_N \cos\varphi_L + \sin\psi_N \sin\varphi_L\right) \tag{5.15}$$

findet man mit

$$R_A + R_N = Z_{ref,1} \cos\psi_N$$

$$X_A + X_N = Z_{ref,1} \sin\psi_N \tag{5.16}$$

$$I_w = I \cos\varphi_L$$

$$I_b = I \sin\varphi_L$$

$$d_{L0} = \frac{\left(R_A + R_N\right)I_w + \left(X_A + X_N\right) I_b}{U_{L0}} \tag{5.17}$$

Nach Erweiterung mit U_{L0} erhält man

$$d_{L0} = \frac{\left(R_A + R_N\right) P + \left(X_A + X_N\right) Q}{U_{L0}^2} \tag{5.18}$$

Führt man die dreiphasige Kurzschlussleistung des Prüfkreises

$$S_K = \frac{U_{LL}^2}{Z_{ref,3}} \tag{5.19}$$

sowie die aufgenommene Scheinleistung des Prüflings

$$S_L = U_{L0} I \tag{5.20}$$

ein, dann kann Gl. (5.14) in anderer Form geschrieben werden. Diese Schreibweise findet insbesondere in der EVU-Praxis Anwendung.

Mit $Z_{ref,3}/Z_{ref,1} = 0,6$

$$d_{L0} = \frac{Z_{ref,1} I \cos\left(\psi_N - \varphi_L\right)}{U_{L0}} = \frac{U_{LL}^2 I \cos\left(\psi_N - \varphi_L\right)}{0,6 \cdot S_k U_{L0}}$$

$$d_{L0} = \frac{\left(\sqrt{3}\, U_{L0}\right)^2 I \cos\left(\psi_N - \varphi_L\right)}{0,6 \cdot S_K U_{L0}}$$

$$d_{L0} = 5\frac{S_L}{S_K} \cos\left(\psi_N - \varphi_L\right) \tag{5.21}$$

Mit $S_k = 565,3$ kVA erhält man folgende einfache Zahlenwertgleichungen

$$\frac{d_{L0}}{\%} = 0,885\,\frac{S_L}{kVA} \cos\left(32° - \varphi_L\right) \tag{5.22}$$

Für Ohm'sche Lasten mit $\varphi_L = 0$ erhält man aus Gl. (5.15) und mit $Z_{ref,1} \cos\psi_N = (R_A + R_N)$

$$d_{L0} = I\frac{R_A + R_N}{U_{L0}} \tag{5.23}$$

bzw. die Zahlenwertgleichung

$$\frac{d_{L0}}{\%} = 0,175\,\frac{I}{A} \tag{5.24}$$

Aus Gl. (5.21) folgt

$$d_{L0} = 5\frac{P_L}{S_K} \cos\psi_N \tag{5.25}$$

bzw. die Zahlenwertgleichung

$$\frac{d_{L0}}{\%} = 0,75\,\frac{P_L}{kW} \tag{5.26}$$

Vergleicht man die Näherungslösung (Index „N") d_N Gl. (5.21) mit der exakten Lösung (Index „E") d_E Gl. (5.8,9), dann erhält man für $\left|\cos\left(\psi_N - \varphi_L\right)\right| \geq 0,15$ den in **Bild 5.4** dargestellten Sachverhalt. Die Grenzabweichung ist für

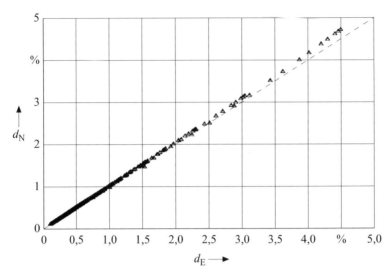

Bild 5.4 Relative Spannungsänderung an der Bezugsimpedanz $Z_{\mathrm{ref},1}$
Vergleich der Näherungslösung d_{N} Gl. (5.21) mit der exakten Lösung d_{E} Gl. (5.8,9),
$\left|\cos\left(\psi_{\mathrm{N}}-\varphi_{\mathrm{L}}\right)\right| \geq 0{,}15$

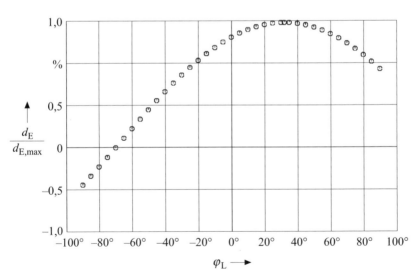

Bild 5.5 Relative Spannungsänderung (exakt) an der Bezugsimpedanz $Z_{\mathrm{ref},1}$ in Abhängigkeit vom Lastwinkel φ_{L}

$\left|\cos\left(\psi_N - \varphi_L\right)\right| \geq 0,15$ kleiner als 5 % bezogen auf den exakten Wert. Sollten sich bei der Rechnung für $\left|\cos\left(\psi_N - \varphi_L\right)\right|$ Werte kleiner 0,15 ergeben, dann ist die exakte Lösung zu verwenden.

Die weitere Auswertung zeigt, dass die relative Spannungsänderung an der Bezugs-impedanz auch vom Phasenwinkel φ_L abhängig ist (**Bild 5.5**)

Beispiel 5.1:

Die Leistung eines Geräts mit P_n = 1000 W, U_n = 230 V, f = 50 Hz wird durch symmetrische Schwingungspaketsteuerung stufenlos eingestellt.

Zu berechnen ist die maximale Spannungsänderung an der Bezugsimpedanz.

$$\frac{d_{L0}}{\%} = 0,75 \frac{P_L}{kW} = 0,75 \cdot 1 = 0,75$$

oder mit

$$I = \frac{P_n}{U_n} = \frac{1000 \text{ W}}{230 \text{ V}} = 4,35 \text{ A}$$

$$\frac{d_{L0}}{\%} = 0,175 \frac{I}{A} = 0,175 \cdot 4,35 = 0,76$$

Beispiel 5.2

Welche Geräteleistung (Wirkleistung) erzeugt an der Bezugsimpedanz einen Spannungsfall von 3,3 %?

$$P_L = \frac{d_{L0}/\%}{0,75} \text{ kW} = \frac{3,3}{0,75} \text{ kW} = 4,4 \text{ kW}$$

5.1.2   Anschluss zweiphasig zwischen zwei Außenleitern

Für ein symmetrisches Dreiphasen-, Vierleiternetz 230/400 V gelten für die komplexen Spannungseffektivwerte folgende Beziehungen. Der Index 1 bezieht sich auf die Leerlaufspannung, d. h. die Quellenspannung des Drehstromsystems; der Index 2 auf die Spannung an der Last.

Es ist

$$\underline{U}_{L12,1} = \underline{U}_{L10,1} - \underline{U}_{L20,1}$$

$$\underline{U}_{L23,1} = \underline{U}_{L20,1} - \underline{U}_{L30,1} \tag{5.27}$$

$$\underline{U}_{L31,1} = \underline{U}_{L30,1} - \underline{U}_{L10,1}$$

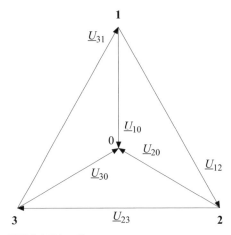

Bild 5.6 Zeigerdiagramm

Durch Einführen des komplexen Drehoperators $\underline{a} = e^{j2\pi/3} = e^{j120°}$ erhält man u. a.

$$\underline{U}_{L20,1} = \underline{a}^2\,\underline{U}_{L10,1} \qquad \underline{U}_{L10,1} = \underline{a}^2\,\underline{U}_{L30,1}$$

$$\underline{U}_{L30,1} = \underline{a}\underline{U}_{L10,1} \qquad \underline{U}_{L20,1} = \underline{a}\underline{U}_{L30,1} \tag{5.28}$$

und

$$
\begin{aligned}
-1 &= e^{j180°}\\
-j &= e^{j270°}\\
\underline{a}^2 &= e^{j240°}\\
-j\underline{a} &= e^{j30°}\\
-j\underline{a}^2 &= e^{j150°}\\
1 - \underline{a}^2 &= -j\underline{a}\,\sqrt{3} = \sqrt{3}\,e^{j30°}\\
1 - \underline{a} &= j\underline{a}^2\,\sqrt{3} = \sqrt{3}\,e^{-j30°}\\
\underline{a} - 1 &= -j\underline{a}^2\,\sqrt{3} = \sqrt{3}\,e^{j150°}\\
\underline{a}^2 - \underline{a} &= -j\sqrt{3} = \sqrt{3}\,e^{j270°}
\end{aligned}
\tag{5.29}
$$

Beispielsweise bedeutet die Multiplikation des Zeigers $\underline{U}_{L10,1}$ mit dem komplexen Drehoperator $\underline{a}^2 = e^{j240°}$, dass der Zeiger $\underline{U}_{L20,1}$ durch Drehung des Zeigers $\underline{U}_{L10,1}$ um 240° in mathematisch positiver Richtung (gegen den Uhrzeigersinn) entstanden ist.

68

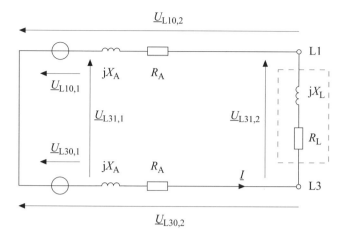

Bild 5.7 Ersatzschaltung: Zweiphasiger Anschluss des Prüflings an das Bezugsnetz zwischen L1 und L3;
$U_{\mathrm{L}10,1}$, $U_{\mathrm{L}30,1}$: Nennwert 230 V
$R_{\mathrm{A}} + jX_{\mathrm{A}} = 0,24\,\Omega + j0,15\,\Omega$

Wir betrachten beispielhaft den Anschluss zwischen den Außenleitern L1 und L3.
Bild 5.7 zeigt die zugehörige Ersatzschaltung. Für einen Anschluss zwischen zwei
anderen Außenleitern ergeben sich vergleichbare Ergebnisse; die Indezes sind
zyklisch zu vertauschen. Bei der Geräteprüfung interessiert nur die maximale
Spannungsänderung und nicht die Zuordnung zu den einzelnen Leitern.

Die Gleichungen für das unsymmetrisch belastete Drehstromnetz erhält man aus der
Maschengleichung

$$\underline{U}_{\mathrm{L}10,1} - \underline{U}_{\mathrm{L}30,1} + \underline{I}\left(2R_{\mathrm{A}} + j2X_{\mathrm{A}}\right) + \underline{U}_{\mathrm{L}31,2} = 0 \tag{5.30}$$

Daraus folgt nach Umstellen

$$\underline{U}_{\mathrm{L}30,1} - \underline{U}_{\mathrm{L}10,1} = \underline{I}\left(2R_{\mathrm{A}} + j2X_{\mathrm{A}}\right) + \underline{U}_{\mathrm{L}31,2} = \underline{U}_{\mathrm{L}31,1} \tag{5.31}$$

mit

$$\underline{U}_{\mathrm{L}31,1} = \left(\underline{U}_{\mathrm{L}30,1} - \underline{U}_{\mathrm{L}10,1}\right) = \underline{U}_{\mathrm{L}10,1}\left(\underline{a} - 1\right)$$

$$= -j\underline{a}^2\sqrt{3}\,U_{\mathrm{L}10,1} = \sqrt{3}\,U_{\mathrm{L}10,1}\mathrm{e}^{j150°} \tag{5.32}$$

und

$$\underline{U}_{\mathrm{L}31,1} = \left(\underline{U}_{\mathrm{L}30,1} - \underline{U}_{\mathrm{L}10,1}\right) = \underline{U}_{\mathrm{L}30,1}\left(1 - \underline{a}^2\right)$$

$$= -j\underline{a}\sqrt{3}\,\underline{U}_{\mathrm{L}30,1} = \sqrt{3}\,\underline{U}_{\mathrm{L}30,1}\mathrm{e}^{j30°} \tag{5.33}$$

aus Gl. (5.31) die Gleichung

$$\underline{U}_{\text{L30,1}} - \underline{U}_{\text{L10,1}} = \underline{I}\left(2R_\text{A} + \text{j}2X_\text{A}\right) + \underline{U}_{\text{L31,2}} = \underline{U}_{\text{L31,1}} = \sqrt{3}\underline{U}_{\text{L10,1}} \cdot \text{e}^{\text{j}150°}$$

$$= \sqrt{3}\underline{U}_{\text{L30,1}} \cdot \text{e}^{\text{j}30°} \qquad (5.34)$$

Für die Außenleiter-Neutralleiter-Spannungen findet man mit Bild 5.7 und Gl. (5.34):

$$\underline{U}_{\text{L10,1}} = \frac{1}{\sqrt{3}}\left[\underline{I}\left(2R_\text{A} + \text{j}2X_\text{A}\right) + \underline{U}_{\text{L31,2}}\right]\text{e}^{-\text{j}150°}$$

$$\underline{U}_{\text{L10,2}} = \underline{U}_{\text{L10,1}} + \underline{I}\left(R_\text{A} + \text{j}X_\text{A}\right) = \underline{U}_{\text{L10,1}} + \underline{I} \cdot \underline{Z}_{\text{ref,3}}$$

$$\underline{U}_{\text{L30,1}} = \frac{1}{\sqrt{3}}\left[\underline{I}\left(2R_\text{A} + \text{j}2X_\text{A}\right) + \underline{U}_{\text{L31,2}}\right]\text{e}^{-\text{j}30°} \qquad (5.35)$$

$$\underline{U}_{\text{L30,2}} = \underline{U}_{\text{L30,1}} - \underline{I}\left(R_\text{A} + \text{j}X_\text{A}\right) = \underline{U}_{\text{L30,1}} - \underline{I} \cdot \underline{Z}_{\text{ref,3}}$$

Das zugehörige Zeigerdiagramm ist in **Bild 5.8** dargestellt.

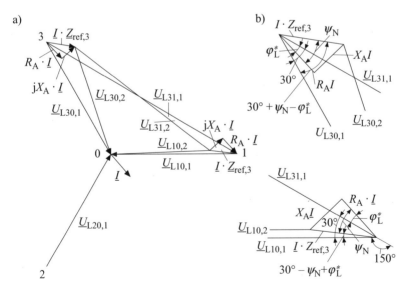

Bild 5.8 Zeigerdiagramm: Zweiphasiger Anschluss des Prüflings an das Bezugsnetz zwischen L1 und L3

Für die relativen Spannungsänderungen gilt:

$$\frac{\Delta U_{L10}}{\left|\underline{U}_{L10,1}\right|} = d_{L10,1} = \frac{\left|\underline{U}_{L10,1}\right| - \left|\underline{U}_{L10,2}\right|}{\left|\underline{U}_{L10,1}\right|} \tag{5.36}$$

$$d_{L10,1} = \frac{U_{L10,1} - \left|\underline{U}_{L10,1} + \underline{I}\left(R_A + jX_A\right)\right|}{U_{L10,1}} = \frac{U_{L10,1} - \left|\underline{U}_{L10,1} + \underline{I} \cdot \underline{Z}_{ref,3}\right|}{U_{L10,1}} \tag{5.37}$$

$$\frac{\Delta U_{L30}}{\left|\underline{U}_{L30,1}\right|} = d_{L30,1} = \frac{\left|\underline{U}_{L30,1}\right| - \left|\underline{U}_{L30,2}\right|}{\left|\underline{U}_{L30,1}\right|} \tag{5.38}$$

$$d_{L30,1} - \frac{U_{L30,1} - \left|\underline{U}_{L30,1} - \underline{I}\left(R_A + jX_A\right)\right|}{U_{L30,1}} = \frac{U_{L30,1} - \left|\underline{U}_{L30,1} - \underline{I} \cdot \underline{Z}_{ref,3}\right|}{U_{L30,1}} \tag{5.39}$$

Bei Anschluss zwischen L1 und L3 ist $d_{L20,1} \approx 0$,

mit

$$\underline{I} = \frac{\underline{U}_{L31,1}}{\left(2R_A + R_L\right) + j\left(2X_A + X_L\right)} = \frac{\underline{U}_{L31,1}}{\underline{Z}_{ref,2} + \underline{Z}_L} \tag{5.40}$$

Bei der Auswertung der vorstehenden Formeln ist zu beachten, dass im Drehstromnetz die verkettete Spannung gleich dem $\sqrt{3}$-Fachen der Außenleiter-Neutralleiter-Spannung ist. Bei einer Nennspannung von 400 V gilt

$$U_{L31} = 400\ \text{V}$$

$$U_{L10,1} = \frac{400\ \text{V}}{\sqrt{3}} = 230{,}94\ \text{V} \tag{5.41}$$

$$U_{L20,1} = \frac{400\ \text{V}}{\sqrt{3}} = 230{,}94\ \text{V}$$

Für die Beurteilung ist die maximale Spannungsänderung d_{max} zu bestimmen.

$$d_{max} = \text{Max}\left\{d_{L10,1},\ d_{L30,1}\right\} \tag{5.42}$$

Die Bestimmung von d_{max} erfordert gewisse Kenntnisse der Netzwerktheorie. Für eine überschlagsgemäße Berechnung der relevanten maximalen Spannungsänderung sind einfache Näherungsformeln gebräuchlich. Im Folgenden werden zwei unterschiedliche Formeln hergeleitet:

Die komplexe Gleichung

$$\left|\underline{U}_{L10,2}\right| = \left|\underline{U}_{L10,1} + \underline{I} \cdot \underline{Z}_{ref,3}\right| \tag{5.43}$$

kann mit Hilfe des Cosinussatzes (Bild 5.8b) in eine skalare Gleichung umgewandelt werden.

$$U_{L10,2}^2 = U_{L10,1}^2 + \left(Z_{ref,3}I\right)^2 - 2U_{L10,1}Z_{ref,3}\,I\cos\left(30° - \psi_N + \varphi_L^*\right) \tag{5.44}$$

mit

$$\psi_N = \arctan\frac{X_A}{R_A} = \arctan\frac{0{,}15\,\Omega}{0{,}24\,\Omega} = 32° \qquad \text{Netz-Impedanzwinkel}$$

$$\varphi_L^* \qquad\qquad\qquad\qquad\qquad \text{Phasenverschiebung zwischen Strom } \underline{I}$$
$$\qquad\qquad\qquad\qquad\qquad\qquad \text{und Quellen-Spannung } \underline{U}_{L31,1}$$

$$\varphi_L = \arctan\frac{X_L}{R_L} \qquad\qquad\qquad \text{Last-Impedanzwinkel}$$

$$Z_{ref,3} = \left|\underline{Z}_{ref,3}\right| = \sqrt{R_A^2 + X_A^2}$$

Mit $I \cdot Z_{ref,3} \ll U_{L31,1}$ gilt $\varphi_L \approx \varphi_L^*$.

Mit $I \cdot Z_{ref,3} \ll U_{L10,1}$ und der Näherungsformel $\sqrt{1 \pm \varepsilon} = 1 \pm \dfrac{1}{2}\varepsilon$ für $\varepsilon \ll 1$ erhält man weiter

$$
\begin{aligned}
U_{L10,2} &= \sqrt{U_{L10,1}^2 - 2U_{L10,1}Z_{ref,3}I\cos\left(30° - \psi_N + \varphi_L\right)} \\[2mm]
&= U_{L10,1}\sqrt{1 - \frac{2Z_{ref,3}\,I\cos\left(30° - \psi_N + \varphi_L\right)}{U_{L10,1}}} \\[2mm]
&= U_{L10,1}\left(1 - \frac{Z_{ref,3}\,I\cos\left(30° - \psi_N + \varphi_L\right)}{U_{L10,1}}\right) \\[2mm]
&= U_{L10,1} - Z_{ref,3}\,I\cos\left(30° - \psi_N + \varphi_L\right)
\end{aligned}
\tag{5.45a}
$$

$$d_{L10,1} = \frac{\left|\underline{U}_{L10,1}\right| - \left|\underline{U}_{L10,2}\right|}{\left|\underline{U}_{L10,1}\right|}$$

$$= \frac{U_{L10,1} - \left[U_{L10,1} - Z_{\text{ref},3}\, I \cos\left(30° - \psi_N + \varphi_L\right)\right]}{U_{L10,1}} \qquad (5.45b)$$

$$= \frac{Z_{\text{ref},3}\, I \cos\left(30° - \psi_N + \varphi_L\right)}{U_{L10,1}}$$

In gleicher Weise erhält man mit Hilfe des Cosinussatzes für $U_{L30,2}$ (Bild 5.8b)

$$U_{L30,2}^2 = U_{L30,1}^2 + \left(Z_{\text{ref},3}\, I\right)^2 - 2\, U_{L30,1}\, Z_{\text{ref},3}\, I \cos\left(30° + \psi_N - \varphi_L^*\right)$$

Mit $I \cdot Z_{\text{ref},3} \ll U_{L31,1}$ gilt $\varphi_L \approx \varphi_L^*$.

Mit $I \cdot Z_{\text{ref},3} \ll U_{L30,1}$ und $\sqrt{1 \pm \varepsilon} = 1 \pm \dfrac{1}{2}\varepsilon$ für $\varepsilon \ll 1$ erhält man

$$U_{L30,2} = \sqrt{U_{L30,1}^2 - 2\, U_{L30,1}\, Z_{\text{ref},3}\, I \cos\left(30° + \psi_N - \varphi_L\right)}$$

$$= U_{L30,1}\sqrt{1 - \frac{2\, Z_{\text{ref},3}\, I \cos\left(30° + \psi_N - \varphi_L\right)}{U_{L30,1}}}$$

$$= U_{L30,1}\left(1 - \frac{Z_{\text{ref},3}\, I \cos\left(30° + \psi_N - \varphi_L\right)}{U_{L30,1}}\right) \qquad (5.46)$$

$$= U_{L30,1} - Z_{\text{ref},3}\, I \cos\left(30° + \psi_N - \varphi_L\right)$$

$$d_{L30,1} = \frac{\left|\underline{U}_{L30,1}\right| - \left|\underline{U}_{L30,2}\right|}{\left|\underline{U}_{L30,1}\right|}$$

$$= \frac{U_{L30,1} - \left[U_{L30,1} - Z_{\text{ref},3}\, I \cos\left(30° + \psi_N - \varphi_L\right)\right]}{U_{L30,1}} \qquad (5.47)$$

$$= \frac{Z_{\text{ref},3}\, I \cos\left(30° + \psi_N - \varphi_L\right)}{U_{L30,1}}$$

Vergleicht man $d_{L10,1}$ und $d_{L30,1}$ miteinander, dann erkennt man, dass sich beide Gleichungen nur um die Phasenlage der Leiterströme um ±30° voneinander unterscheiden. Damit kann man eine allgemein gültige Beziehung für die Berechnung des maximalen Spannungsfalls beim Anschluss eines Geräts zwischen zwei beliebigen Außenleitern angeben.

$$d_{\max} = \text{Max}\left\{ \frac{Z_{\text{ref},3}I}{U_{L0}} \cos\left(\psi_N \pm 30° - \varphi_L\right)\right\}$$

$$= \text{Max}\left\{ \sqrt{3}\, \frac{Z_{\text{ref},3}I}{U_{LL}} \cos\left(\psi_N \pm 30° - \varphi_L\right)\right\} \tag{5.48}$$

U_{L0} Außenleiter-Neutralleiter-Spannung

U_{LL} verkettete Spannung, Nennwert 400 V

$d_{\max}$ maximale Änderung der Außen-Neutralleiter-Spannung

Mit $Z_{\text{ref},3}$ = 0,283 Ω, U_{LL} = 400 V erhält man folgende einfache Zahlenwertgleichungen:

$$\frac{d_{\max}}{\%} = \text{Max}\left\{ 0,1225\, \frac{I}{A} \cos\left(32° \pm 30° - \varphi_L\right)\right\} \tag{5.49}$$

Führt man die dreiphasige Kurzschlussleistung des Prüfkreises

$$S_K = \frac{U_{LL}^2}{Z_{\text{ref},3}} \tag{5.50}$$

sowie die aufgenommene Scheinleistung des Prüflings

$$S_L = U_{LL}I \tag{5.51}$$

ein, dann kann Gl. (5.49) in anderer Form geschrieben werden. Diese Schreibweise findet insbesondere in der EVU-Praxis Anwendung.

$$d_{\max} = \text{Max}\left\{ \sqrt{3}\, \frac{Z_{\text{ref},3}I}{U_{LL}} \cos\left(\psi_N \pm 30° - \varphi_L\right)\right\}$$

$$= \text{Max}\left\{ \sqrt{3}\, \frac{U_{LL}^2 I}{U_{LL}S_K} \cos\left(\psi_N \pm 30° - \varphi_L\right)\right\}$$

$$= \text{Max}\left\{ \sqrt{3}\, \frac{U_{LL}I}{S_K} \cos\left(\psi_N \pm 30° - \varphi_L\right)\right\}$$

$$d_{\max} = \text{Max}\left\{ \sqrt{3}\, \frac{S_L}{S_K} \cos\left(\psi_N \pm 30° - \varphi_L\right)\right\} \tag{5.52}$$

Mit $Z_{ref,3} = 0{,}283\ \Omega$, $U_{LL} = 400\ V$, $S_k = 565{,}3\ kVA$ erhält man folgende einfache Zahlenwertgleichungen:

$$\frac{d_{max}}{\%} = \text{Max}\left\{0{,}3\frac{S_L}{kVA}\cos\left(32°\pm 30° - \varphi_L\right)\right\} \tag{5.53}$$

Für Ohm'sche Lasten mit $\varphi_L = 0$ und $\cos(32° - 30° - 0°) \approx 1$ erhält man aus Gl. (5.48)

$$d_{max} = \frac{Z_{ref,3}I}{U_{L0}} = I\frac{\sqrt{R_A^2 + X_A^2}}{U_{L0}} \tag{5.54}$$

bzw.

$$\frac{d_{max}}{\%} = 0{,}1225\frac{I}{A} \tag{5.55}$$

und aus Gl. (5.53)

$$\frac{d_{max}}{\%} = 0{,}3\frac{P_L}{kW} \tag{5.56}$$

Vergleicht man die Näherungslösung (Index „N") d_N (5.52) mit der exakten Lösung (Index „E") d_E (Gln. (5.37), (5.39), (5.40)) miteinander, dann erhält man den in **Bild 5.9** dargestellten Verlauf. Die Grenzabweichung ist, bezogen auf den exakten Wert, kleiner als 5 %.

Die weitere Auswertung zeigt, dass die relative Spannungsänderung an der Bezugsimpedanz auch vom Phasenwinkel φ_L abhängig ist (**Bild 5.10**)

Beispiel 5.3:
Eine ohmsch-induktive Last $S_L = 4\ kVA$, $\varphi_L = 25°$ ($\underline{Z}_L = 40\ \Omega \cdot e^{j25°}$) wird zweiphasig zwischen zwei Außenleitern L1 und L3 an der Bezugsimpedanz angeschlossen. Zu berechnen ist die maximale Spannungsänderung beim Einschalten.

$$\underline{U}_{L10,1} = \frac{400\ V}{\sqrt{3}}\,e^{j0°}$$

$$\underline{U}_{L30,1} = \frac{400\ V}{\sqrt{3}}\,e^{j120°}$$

$$\underline{U}_{L31,1} = \underline{U}_{L30,1} - \underline{U}_{L10,1} = 400\ V \cdot e^{j150°}$$

$$\left(R_A + jX_A\right) = \left(0{,}24 + j0{,}15\right)\Omega$$

$$\underline{Z}_L = 40\ \Omega\, e^{j25°} = \left(36{,}35 + j16{,}90\right)\Omega$$

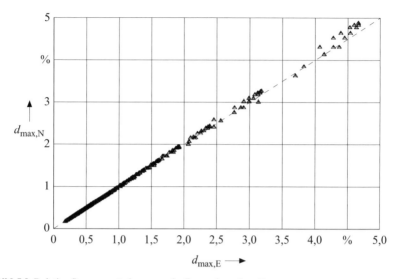

Bild 5.9 Relative Spannungsänderung an der Bezugsimpedanz $\underline{Z}_{ref,2}$
Vergleich der Näherungslösung d_N nach Gl. (5.52) mit der exakten Lösung d_E nach
Gln. (5.37), (5.39), (5.40)

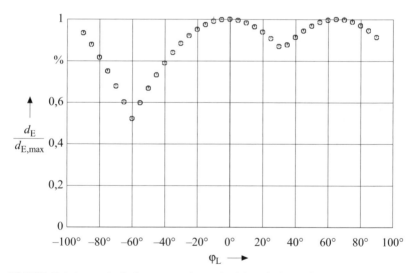

Bild 5.10 Relative maximale Spannungsänderung (exakt) an der Bezugsimpedanz $\underline{Z}_{ref,2}$
in Abhängigkeit vom Lastwinkel φ_L

Für den Strom gilt:

$$\underline{I} = \frac{\underline{U}_{31,1}}{(2R_A + R_L) + j(2X_A + X_L)}$$

$$= \frac{400\,\text{V}\,e^{j150°}}{(0,48 + 36,35)\,\Omega + j(0,30 + 16,90)\,\Omega} = 9,84\,\text{A} \cdot e^{j125°}$$

$$\underline{U}_{L10,2} = \underline{U}_{L10,1} + \underline{I}(R_A + jX_A)$$

$$= \frac{400\,\text{V}}{\sqrt{3}} + 9,84\,\text{A} \cdot e^{j125°}(0,24\,\Omega + j0,15\,\Omega) = 228,38\,\text{V} \cdot e^{j0,3°}$$

$$\underline{U}_{L30,2} = \underline{U}_{L30,1} - \underline{I}(R_A + jX_A)$$

$$= \frac{400\,\text{V}}{\sqrt{3}}e^{j120°} - 9,84\,\text{A} \cdot e^{j125°}(0,24\,\Omega + j0,15\,\Omega)$$

$$= (-112,90 + j198,91)\,\text{V} = 228,72\,\text{V} \cdot e^{j119,6°}$$

$$\frac{\Delta U_{L10}}{|\underline{U}_{L10,1}|} = d_{L10,1} = \frac{|\underline{U}_{L10,1}| - |\underline{U}_{L10,2}|}{|\underline{U}_{L10,1}|} = \frac{\dfrac{400\,\text{V}}{\sqrt{3}} - 228,38\,\text{V}}{\dfrac{400\,\text{V}}{\sqrt{3}}} = 0,0111 = 1,11\,\%$$

$$\frac{\Delta U_{L30}}{|\underline{U}_{L30,1}|} = d_{L30,1} = \frac{|\underline{U}_{L30,1}| - |\underline{U}_{L30,2}|}{|\underline{U}_{L30,1}|} = \frac{\dfrac{400\,\text{V}}{\sqrt{3}} - 228,72\,\text{V}}{\dfrac{400\,\text{V}}{\sqrt{3}}} = 0,00961 = 0,96\,\%$$

Die für die Flickerbetrachtung relevante maximale Spannungsänderung beträgt

$$d_{\max} = \text{Max}\{d_{L10,1},\, d_{L30,1}\} = 1,11\,\%$$

Alternativ erhält man mit der aufgenommenen Scheinleistung

$$S_L = \frac{U_{LL}^2}{Z_L} = \frac{(400\,\text{V})^2}{40\,\Omega} = 4\,\text{kVA}$$

und dem Phasenwinkel $\varphi_L = 25°$ mit Gl. (5.53)

$$\frac{d_{max}}{\%} = \text{Max}\left\{0,3 \frac{4}{kVA} \cos(32° \pm 30° - 25°)\right\} = \text{Max}\{0,96;\ 1,11\} = 1,11$$

5.1.3 Dreiphasiger Anschluss symmetrisch, ohne Neutralleiter

Bei symmetrischer Belastung sind die Spannungsänderungen in allen drei Leitern gleich groß. Es gilt daher das einpolige Ersatzschaltbild (**Bild 5.11**).

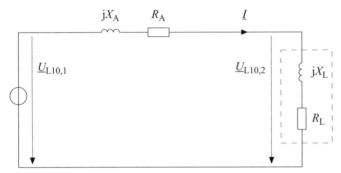

Bild 5.11 Dreiphasiger Anschluss des Prüflings an das Bezugsnetz, einpolige Ersatzschaltung
$U_{L10,1}$: Nennwert 230 V
$R_A + jX_A = 0,24\ \Omega + j0,15\ \Omega$

Die Spannungsgleichung lautet:

$$\underline{U}_{L10,1} = \underline{U}_{L10,2} + \underline{I}(R_A + jX_A) = \underline{U}_{L10,2} + \underline{I}\,\underline{Z}_{ref,3} \tag{5.57}$$

Das zugehörige Zeigerdiagramm zeigt **Bild 5.12**.
Für die relative Spannungsänderung gilt

$$\frac{\Delta U}{|\underline{U}_{L10,1}|} = d_{L10,1} = \frac{|\underline{U}_{L10,1}| - |\underline{U}_{L10,2}|}{|\underline{U}_{L10,1}|} = \frac{U_{L10,1} - |\underline{U}_{L10,1} - \underline{I}(R_A + jX_A)|}{U_{L10,1}}$$

$$= \frac{U_{L10,1} - |\underline{U}_{L10,1} - \underline{I}\,\underline{Z}_{ref,3}|}{U_{L10,1}} \tag{5.58}$$

mit

$$\underline{I} = \frac{\underline{U}_{L10,1}}{(R_A + R_L) + j(X_A + X_L)} \tag{5.59}$$

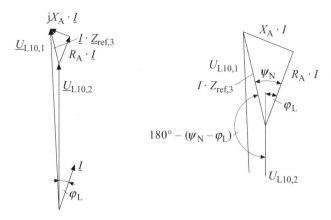

Bild 5.12 Dreiphasiger Anschluss des Prüflings an das Bezugsnetz, Zeigerdiagramm

Die Bestimmung von d erfordert gewisse Kenntnisse der Netzwerktheorie. Für eine überschlagsmäßige Berechnung der relevanten maximalen Spannungsänderung sind einfache Näherungsformeln gebräuchlich. Im Folgenden werden vier unterschiedliche Formeln hergeleitet.

Die komplexe Gleichung

$$\left|\underline{U}_{L10,1}\right| = \left|\underline{U}_{L10,2} + \underline{I} \cdot \underline{Z}_{ref,3}\right| \tag{5.60}$$

kann mit Hilfe des Cosinussatzes in eine skalare Gleichung umgeschrieben werden. Aus dem Zeigerdiagramm (Bild 5.12) erhält man

$$U_{L10,1}^2 = U_{L10,2}^2 + \left(Z_{ref,3}\, I\right)^2 - 2\,U_{L10,2}\, Z_{ref,3}\, I \cos\left(180° - \left(\psi_N - \varphi_L\right)\right) \tag{5.61}$$

Mit $I \cdot Z_{ref,3} \ll U_{L10,1}$ und der Näherungsformel $\sqrt{1 \pm \varepsilon} = 1 \pm \dfrac{1}{2}\varepsilon$ für $\varepsilon \ll 1$ und $\cos\left(180° \pm \beta\right) = -\cos\beta$ erhält man weiter

$$
\begin{aligned}
U_{L10,1} &= \sqrt{U_{L10,2}^2 + 2\,U_{L10,2}\, Z_{ref,3}\, I \cos\left(\psi_N - \varphi_L\right)} \\
&= U_{L10,2}\sqrt{1 + \frac{2\,Z_{ref,3}\, I \cos\left(\psi_N - \varphi_L\right)}{U_{L10,2}}} \\
&= U_{L10,2}\left(1 + \frac{Z_{ref,3}\, I \cos\left(\psi_N - \varphi_L\right)}{U_{L10,2}}\right) \\
&= U_{L10,2} + Z_{ref,3}\, I \cos\left(\psi_N - \varphi_L\right) \tag{5.62}
\end{aligned}
$$

$$d_{L10,1} = \frac{\left|\underline{U}_{L10,1}\right| - \left|\underline{U}_{L10,2}\right|}{\left|\underline{U}_{L10,1}\right|}$$

$$= \frac{U_{L10,2} + Z_{ref,3}\, I \cos\left(\psi_N - \varphi_L\right) - U_{L10,2}}{U_{L10,1}}$$

$$= \frac{Z_{ref,3}\, I \cos\left(\psi_N - \varphi_L\right)}{U_{L10,1}} \tag{5.63}$$

Da die Spannungsfälle in allen drei Leitern gleich sind, gilt allgemein

$$d_{L0} = \frac{Z_{ref,3}\, I \cos\left(\psi_N - \varphi_L\right)}{U_{L0}} \tag{5.64}$$

Nach Anwendung des Additionstheorems auf die cos-Funktion in Gleichung (5.64)

$$d_{L0} = \frac{Z_{ref,3} I}{U_{L0}} \left(\cos\psi_N \cos\varphi_L + \sin\psi_N \sin\varphi_L\right) \tag{5.65}$$

findet man mit

$$R_A = Z_{ref,3} \cos\psi_N$$

$$X_A = Z_{ref,3} \sin\psi_N \tag{5.66}$$

$$I_w = I \cos\varphi_L$$

$$I_b = I \sin\varphi_L$$

$$d_{L0} = \frac{R_A I_w + X_A I_b}{U_{L0}} \tag{5.67}$$

I_w und I_b sind die Wirk- und Blindanteile des komplexen Stroms $\underline{I}$. I_b ist positiv für nacheilenden Strom und negativ für voreilenden Strom.

Nach Erweiterung mit U_{L0} erhält man aus Gl. (5.67)

$$d_{L0} = \frac{R_A P + X_A Q}{U_{L0}^2} \tag{5.68}$$

Führt man die dreiphasige Kurzschlussleistung des Prüfkreises

$$S_K = \frac{U_{LL}^2}{Z_{ref,3}} \tag{5.69}$$

sowie die aufgenommene Scheinleistung des Prüflings

$$S_L = \sqrt{3}\, U_{LL} I \tag{5.70}$$

ein, dann kann Gl. (5.64) in anderer Form geschrieben werden. Diese Schreibweise findet insbesondere in der EVU-Praxis Anwendung.

$$d_{L0} = \frac{Z_{ref,3}\, I \cos\left(\psi_N - \varphi_L\right)}{U_{L0}} = \frac{U_{LL}^2 I \cos\left(\psi_N - \varphi_L\right)}{S_k\, U_{L0}}$$

$$d_{L0} = \frac{\sqrt{3}\, U_{L0} U_{LL}\, I \cos\left(\psi_N - \varphi_L\right)}{S_K\, U_{L0}}$$

$$d_{L0} = \frac{S_L}{S_K} \cos\left(\psi_N - \varphi_L\right) \tag{5.71}$$

Mit $S_k = 565,3$ kVA erhält man folgende einfache Zahlenwertgleichungen:

$$\frac{d_{L0}}{\%} = 0,177\, \frac{S_L}{kVA} \cos\left(32° - \varphi_L\right) \tag{5.72}$$

Für Ohm'sche Lasten mit $\varphi_L = 0$ erhält man aus Gl. (5.65) und mit $Z_{ref,3} \cos\psi_N = R_A$

$$d_{L0} = I\, \frac{R_A}{U_{L0}} \tag{5.73}$$

bzw. die Zahlenwertgleichung

$$\frac{d_{L0}}{\%} = 0,1\, \frac{I}{A} \tag{5.74}$$

Aus Gl. (5.71) folgt

$$d_{L0} = \frac{P_L}{S_K} \cos\psi_N \tag{5.75}$$

bzw. die Zahlenwertgleichung

$$\frac{d_{L0}}{\%} = 0,15\, \frac{P_L}{kW} \tag{5.76}$$

Vergleicht man die Näherungslösung (Index „N") d_N nach Gl. (5.71) mit der exakten Lösung (Index „E") d_E nach Gln. (5.58) und (5.59), erhält man den in **Bild 5.13**

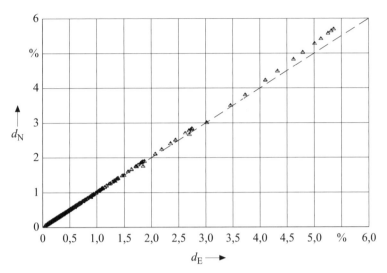

Bild 5.13 Relative Spannungsänderung an der Bezugsimpedanz $\underline{Z}_{ref,3}$
Vergleich der Näherungslösung d_N nach Gl. (5.71) mit der exakten Lösung d_E nach Gln. (5.58) und (5.59),
$\left|\cos\left(\psi_N - \varphi_L\right)\right| \geq 0{,}15$

dargestellten Verlauf. Die Grenzabweichung, ist bezogen auf den exakten Wert, kleiner als 5 %.

Die weitere Auswertung zeigt, dass die relative Spannungsänderung an der Bezugsimpedanz auch von dem Phasenwinkel φ_L abhängig ist (**Bild 5.14**).

Für eine Ohm'sche Last mit $P_{L1ph} = P_{L2ph} = P_{L3ph}$ liefert der Vergleich der Anschlussarten für die relative Spannungsänderung $d_{1ph}/d_{2ph}/d_{3ph} = 5/2/1$.

Beispiel 5.4:

Ein 1-kW-Drehstrommotor wird an der Bezugsimpedanz angeschlossen. Zu berechnen ist die maximale relative Spannungsänderung d_{max} beim Anlauf.

Aus dem Datenblatt sind die folgenden Daten für den Anlauf bekannt:

$S_L = 6\ \text{kVA}$, $\cos\varphi_L = 0{,}75$.

Mit Gl. (5.72)

$\varphi_L = \arccos 0{,}75 = 41°$

$$\frac{d_{L0}}{\%} = 0{,}177\ \frac{S_L}{\text{kVA}}\ \cos\left(32° - \varphi_L\right) = 0{,}177\ \frac{6\ \text{kVA}}{\text{kVA}}\ \cos\left(32° - 41°\right) = 1{,}05$$

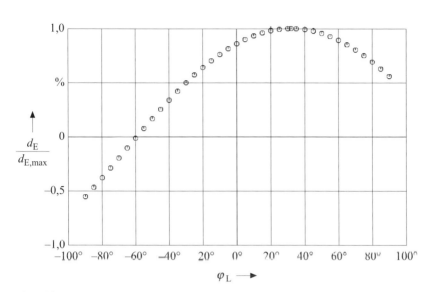

Bild 5.14 Relative Spannungsänderung (exakt) an der Bezugsimpedanz $\underline{Z}_{\text{ref},3}$ in Abhängigkeit vom Lastwinkel φ_L

5.2 Berechnung der relativen Spannungsänderung an der reduzierten Bezugsimpedanz nach DIN EN 61000-3-11 (VDE 0838-11):2001-04

Die Norm DIN EN 61000-3-11 (VDE 0838-11):2001-04 [5.3] führt für Geräte und Einrichtungen, die nach Herstellerangaben nur zum Anschluss an einen Anschlusspunkt mit einer Dauerstrombelastbarkeit des Netzes von $\geq$ 100 A vorgesehen sind, eine Beurteilung an einer reduzierten Bezugsimpedanz durch. Zur Unterscheidung wird anstelle von „ref" der Index „ref100" verwendet.

Die allgemeinen Beziehungen können aus dem vorherigen Kapitel entnommen und auf die reduzierte Bezugsimpedanz (**Bild 5.15**) angewandt werden.

Für die Rechnung werden die folgenden Größen verwendet:

$\underline{U}_{L0}$ Spannung zwischen Außenleiter und Neutralleiter, Nennwert 230 V

$\underline{U}_{L10}$ Spannung zwischen Außenleiter L1 und Neutralleiter LN, entsprechend $\underline{U}_{L20}, \underline{U}_{L30}$

$\underline{U}_{LL}$ Spannung zwischen zwei Außenleitern, Nennwert 400 V

$\underline{U}_{L31}$ Spannung zwischen den Außenleitern L3 und L1, entsprechend $\underline{U}_{L21}, \underline{U}_{L23}$

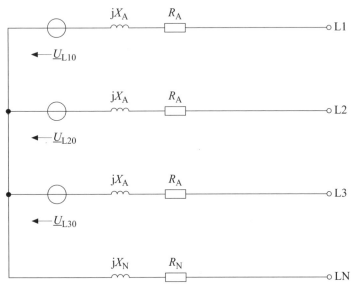

Bild 5.15 Bezugsnetz nach DIN EN 61000-3-11 (VDE 0838-11):2001-04
(Dauerstrombelastbarkeit des Netzes ≥ 100 A je Außenleiter)

U_{L10}, U_{L20}, U_{L30}: Nennwert 230 V

$R_A + jX_A = 0{,}15\ \Omega + j0{,}15\ \Omega$

$R_N + jX_N = 0{,}10\ \Omega + j0{,}10\ \Omega$

U_n	Nennspannung 230/400 V
1, 2	Index 1 bezieht sich auf die Quellenspannung, z. B. $U_{L31,1}$
	Index 2 bezieht sich auf die Spannung an der Last (Prüfling), z. B. $U_{L10,2}$
I	(maximaler) Laststrom, z. B. bei Motoren (maximaler) Anlaufstrom
X_L	Reaktanz der Last (Prüfling)
X_A	Reaktanz eines Außenleiters
X_N	Reaktanz des Neutralleiters
R_L	Wirkwiderstand der Last (Prüfling)
R_A	Wirkwiderstand eines Außenleiters
R_N	Wirkwiderstand des Neutralleiters
Z_{ref100}	Referenzimpedanz eines Außenleiters für einen Anschlusspunkt mit einer Dauerstrombelastbarkeit ≥ 100 A, abhängig von der Anschlussart

$Z_{\text{ref}100,1}$ Schleifen-Impedanz des Prüfkreises beim Anschluss zwischen Außenleiter und Neutralleiter

$$\underline{Z}_{\text{ref}100,1} = (R_A + R_N) + j(X_A + X_N) = (0{,}25 + j0{,}25)\,\Omega$$

$$= 0{,}35\,\Omega\,e^{j45°} \tag{5.77}$$

$$Z_{\text{ref}100,1} = \left|\underline{Z}_{\text{ref}100,1}\right| = 0{,}35\,\Omega$$

$Z_{\text{ref}100,2}$ Schleifen-Impedanz beim Anschluss zwischen zwei Außenleitern

$$\underline{Z}_{\text{ref}100,2} = 2\,R_A + j2\,X_A = (0{,}30 + j0{,}30)\,\Omega = 0{,}42\,\Omega\,e^{j45°} \tag{5.78}$$

$$Z_{\text{ref}100,2} = \left|\underline{Z}_{\text{ref}100,2}\right| = 0{,}42\,\Omega$$

$Z_{\text{ref}100,3}$ Schleifen-Impedanz beim symmetrischen Drehstromanschluss

$$\underline{Z}_{\text{ref}100,3} = R_A + jX_A = (0{,}15 + j0{,}15)\,\Omega = 0{,}21\,\Omega\,e^{j45°} \tag{5.79}$$

$$Z_{\text{ref}100,3} = \left|\underline{Z}_{\text{ref}100,3}\right| = 0{,}21\,\Omega$$

Unabhängig von der Anschlussart gilt $Z_{\text{ref}100}/Z_{\text{ref}} = 0{,}75$.

$P_L, \Delta P_L$ von der Last (Prüfling) aufgenommene (maximale) Wirkleistung bzw. Wirkleistungsänderung

$Q_L, \Delta Q_L$ von der Last (Prüfling) aufgenommene (maximale) Blindleistung bzw. Blindleistungsänderung

$S_L, \Delta S_L$ von der Last (Prüfling) aufgenommene (maximale) Scheinleistung bzw. Scheinleistungsänderung

S_k dreiphasige Kurzschlussleistung des Prüfkreises

$$S_k = \frac{U_n^2}{Z_{\text{ref}100,3}} = \frac{U_n^2}{\sqrt{R_A^2 + X_A^2}} = \frac{(400\,\text{V})^2}{\sqrt{0{,}15^2 + 0{,}15^2}\,\Omega} = 754\,\text{kVA} \tag{5.80}$$

ψ_N Impedanzwinkel (Außenleiter) des Prüfkreises

$$\psi_N = \arctan\frac{X_A}{R_A} = \arctan\frac{0{,}15\,\Omega}{0{,}15\,\Omega} = 45° \tag{5.81}$$

φ_L Last-Impedanzwinkel, ungünstigster Lastwinkel für den betrachteten Lastzustand

$$\varphi_L = \arctan\frac{X_L}{R_L} \tag{5.82}$$

In den Gleichungen ist für S_L, P_L, φ_L die jeweils relevante Größe einzusetzen. Dies ist die maßgebliche Größe, die die größte Spannungsänderung für den betrachteten Lastzustand erzeugt. Dies bedeutet beispielsweise für einen Motor im Anlauf die Anlaufscheinleistung, die um das Anlaufstromverhältnis I_a/I_n größer als die Nennleistung S_n ist, und den Phasenwinkel im Anlauf, der aus den Motordaten zu ermitteln ist. Wird hingegen eine Wechsellast betrachtet, dann sind die größte veränderliche Leistung ΔS_L und der zugehörige Nennphasenwinkel zu berücksichtigen.

5.2.1   Anschluss zwischen Außenleiter und Neutralleiter

Aus Gl. (5.14) folgt:

$$d_{L0} = \frac{Z_{ref100,1}\, I\cos\left(\psi_N - \varphi_L\right)}{U_{L0}} \tag{5.83}$$

In anderer Schreibweise:

$$d_{L0} = \frac{\left(R_A + R_N\right)P + \left(X_A + X_N\right)Q}{U_{L0}^2} \tag{5.84}$$

$$d_{L0} = \frac{\left(R_A + R_N\right)I_w + \left(X_A + X_N\right)I_b}{U_{L0}} \tag{5.85}$$

Mit $Z_{ref100,3}/Z_{ref100,1} = 0{,}6$ folgt aus Gl. (5.21)

$$d_{L0} = 5\frac{S_L}{S_K}\cos\left(\psi_N - \varphi_L\right) \tag{5.86}$$

Mit $S_k = 754$ kVA erhält man folgende einfache Zahlenwertgleichungen:

$$\frac{d_{L0}}{\%} = 0{,}663\,\frac{S_L}{kVA}\cos\left(45° - \varphi_L\right) \tag{5.87}$$

Für Ohm'sche Lasten mit $\varphi_L = 0$ erhält man aus Gl. (5.85) und mit $Z_{ref100,1}\cos\psi_N = (R_A + R_N)$

$$d_{L0} = I\,\frac{R_A + R_N}{U_{L0}} \tag{5.88}$$

bzw. die Zahlenwertgleichung

$$\frac{d_{L0}}{\%} = 0{,}11 \frac{I}{A} \tag{5.89}$$

Aus Gl. (5.86) folgt

$$d_{L0} = 5 \frac{P_L}{S_K} \cos \psi_N \tag{5.90}$$

bzw. die Zahlenwertgleichung

$$\frac{d_{L0}}{\%} = 0{,}47 \frac{P_L}{kW} \tag{5.91}$$

Beispiel 5.5

Welche Geräteleistung (Wirkleistung) erzeugt an der reduzierten Bezugsimpedanz einen Spannungsfall von 3,3 %?

$$P_L = \frac{d_{L0}/\%}{0{,}47} kW = \frac{3{,}3}{0{,}47} kW = 7 \; kW$$

5.2.2   Anschluss zweiphasig zwischen zwei Außenleitern

Aus Gl. (5.48) erhält man:

$$d_{max} = \text{Max}\left\{ \frac{Z_{ref100{,}3} \, I}{U_{L0}} \cos \left(\psi_N \pm 30° - \varphi_L \right) \right\}$$

$$= \text{Max}\left\{ \sqrt{3} \, \frac{Z_{ref100{,}3} \, I}{U_{LL}} \cos \left(\psi_N \pm 30° - \varphi_L \right) \right\} \tag{5.92}$$

U_{L0} Außenleiter-Neutralleiter-Spannung

U_{LL} verkettete Spannung, Nennwert 400 V

d_{max} maximale Änderung der Außen-Neutralleiter-Spannung

Mit $Z_{ref100{,}3} = 0{,}212 \; \Omega$, $U_{LL} = 400 \; V$ erhält man folgende einfache Zahlenwertgleichungen:

$$\frac{d_{max}}{\%} = \text{Max}\left\{ 0{,}092 \frac{I}{A} \cos \left(45° \pm 30° - \varphi_L \right) \right\} \tag{5.93}$$

Führt man die dreiphasige Kurzschlussleistung des Prüfkreises ein, dann erhält man mit Gl. (5.52)

$$d_{max} = Max\left\{\sqrt{3}\frac{S_L}{S_K}\cos\left(\psi_N \pm 30° - \varphi_L\right)\right\} \qquad (5.94)$$

Mit $Z_{ref100,3} = 0{,}212\ \Omega$, $U_{LL} = 400\ V$, $S_k = 754{,}7\ kVA$ erhält man folgende einfache Zahlenwertgleichungen:

$$\frac{d_{max}}{\%} = Max\left\{0{,}23\frac{S_L}{kVA}\cos\left(45° \pm 30° - \varphi_L\right)\right\} \qquad (5.95)$$

Für Ohm'sche Lasten mit $\varphi_L = 0$ und $\cos(45° - 30° - 0°) \approx 1$ erhält man aus Gl. (5.92)

$$d_{max} = \frac{Z_{ref100,3}\ I}{U_{L0}} = I\frac{\sqrt{R_A^2 + X_A^2}}{U_{L0}} \qquad (5.96)$$

bzw.

$$\frac{d_{max}}{\%} = 0{,}0922\frac{I}{A} \qquad (5.97)$$

Mit Gl. (5.95) erhält man

$$\frac{d_{max}}{\%} = 0{,}23\frac{P_L}{kW} \qquad (5.98)$$

Eine Spannungsänderung von null kann nicht auftreten. Falls die Rechnung $\cos(45° \pm 30° - \varphi_L) = 0$ ergibt, dann ist die Cosinus-Funktion mit 0,1 abzuschätzen.

Beispiel 5.6:

Eine ohmsch-induktive Last $S_L = 16\ kVA$, $\varphi_L = 25°$ ($\underline{Z}_L = 10\ \Omega \cdot e^{j25°}$) wird zweiphasig zwischen zwei Außenleitern L1 und L2 an der reduzierten Bezugsimpedanz angeschlossen. Zu berechnen ist die maximale Spannungsänderung beim Einschalten.

$$\underline{U}_{L10,1} = \frac{400\ V}{\sqrt{3}}e^{j\ 0°}$$

$$\underline{U}_{L20,1} = \frac{400\ V}{\sqrt{3}}e^{-j\ 120°}$$

$$\underline{U}_{L21,1} = \underline{U}_{L20,1} - \underline{U}_{L10,1} = 400 \text{ V e}^{-j150°}$$

$$\left(R_A + jX_A\right) = \left(0{,}15 + j0{,}15\right) \Omega$$

$$\underline{Z}_L = 10 \ \Omega \ \text{e}^{j25°} = \left(9{,}06 + j4{,}22\right) \Omega$$

Für den Strom gilt:

$$\underline{I} = \frac{\underline{U}_{21,1}}{\left(2R_A + R_L\right) + j\left(2X_A + X_L\right)}$$

$$= \frac{400 \text{ V e}^{-j150°}}{\left(0{,}30 + 9{,}06\right) \Omega + j\left(0{,}30 + 4{,}22\right) \Omega}$$

$$= 38{,}48 \text{ A e}^{-j175,8°}$$

$$\underline{U}_{L10,2} = \underline{U}_{L10,1} + \underline{I}\left(R_A + jX_A\right)$$

$$= \frac{400 \text{ V}}{\sqrt{3}} + 38{,}48 \text{ A e}^{-j175,8°}\left(0{,}15 \ \Omega + j0{,}15 \ \Omega\right)$$

$$= 225{,}69 \text{ V e}^{-j1,6°}$$

$$\underline{U}_{L20,2} = \underline{U}_{L20,1} - \underline{I}\left(R_A + jX_A\right)$$

$$= \frac{400 \text{ V}}{\sqrt{3}} \text{ e}^{-j120°} - 38{,}48 \text{ A e}^{-j175,8°}\left(0{,}15 \ \Omega + j0{,}15 \ \Omega\right)$$

$$= 222{,}93 \text{ V e}^{-j119,3°}$$

$$\frac{\Delta U_{L10}}{\left|\underline{U}_{L10,1}\right|} = d_{L10,1} = \frac{\left|\underline{U}_{L10,1}\right| - \left|\underline{U}_{L10,2}\right|}{\left|\underline{U}_{L10,1}\right|} = \frac{\dfrac{400 \text{ V}}{\sqrt{3}} - 225{,}69 \text{ V}}{\dfrac{400 \text{ V}}{\sqrt{3}}} = 0{,}0227 = 2{,}27 \ \%$$

$$\frac{\Delta U_{L20}}{\left|\underline{U}_{L20,1}\right|} = d_{L20,1} = \frac{\left|\underline{U}_{L20,1}\right| - \left|\underline{U}_{L20,2}\right|}{\left|\underline{U}_{L20,1}\right|} = \frac{\dfrac{400 \text{ V}}{\sqrt{3}} - 222{,}93 \text{ V}}{\dfrac{400 \text{ V}}{\sqrt{3}}} = 0{,}0347 = 3{,}47 \ \%$$

Die für die Flickerbetrachtung relevante maximale Spannungsänderung beträgt

$$d_{max} = Max\{d_{L10,1}, d_{L20,1}\} = 3,47\%$$

Alternativ erhält man mit der Näherungsgleichung (5.95):

$$\frac{d_{max}}{\%} = Max\left\{0,23\frac{16\,kVA}{kVA}\cos\left(45°\pm30°-25°\right)\right\} = Max\{2,36\%;\ 3,62\%\} = 3,62\%$$

Die Abweichung vom exakten Wert beträgt 4,3 %.

5.2.3 Dreiphasiger Anschluss symmetrisch, ohne Neutralleiter

Da die Spannungsfälle in allen drei Leitern gleich sind, gilt allgemein

$$d_{L0} = \frac{Z_{ref100,3}\ I\ \cos\left(\psi_N-\varphi_L\right)}{U_{L0}} \tag{5.99}$$

In anderer Schreibweise:

$$d_{L0} = \frac{R_A I_w + X_A I_b}{U_{L0}} \tag{5.100}$$

$$d_{L0} = \frac{R_A P + X_A Q}{U_{L0}^2} \tag{5.101}$$

Führt man die dreiphasige Kurzschlussleistung des Prüfkreises ein, dann enthält man mit Gl. (5.71):

$$d_{L0} = \frac{S_L}{S_K}\cos\left(\psi_N-\varphi_L\right) \tag{5.102}$$

Mit $S_k = 754,7$ kVA erhält man folgende einfache Zahlenwertgleichungen:

$$\frac{d_{L0}}{\%} = 0,133\frac{S_L}{kVA}\cos\left(45°-\varphi_L\right) \tag{5.103}$$

Für Ohm'sche Lasten mit $\varphi_L = 0$ erhält man aus Gl. (5.99) mit $Z_{ref100,3}\cdot\cos\psi_N = R_A$

$$d_{L0} = I\,\frac{R_A}{U_{L0}} \tag{5.104}$$

bzw. die Zahlenwertgleichung

$$\frac{d_{L0}}{\%} = 0{,}065 \frac{I}{A} \qquad (5.105)$$

aus Gl. (5.102)

$$d_{L0} = \frac{P_L}{S_K} \cos \psi_N \qquad (5.106)$$

bzw. die Zahlenwertgleichung

$$\frac{d_{L0}}{\%} = 0{,}0935 \frac{P_L}{kW} \qquad (5.107)$$

Beispiel 5.7:

Ein 10-kW-Drehstrommotor wird an der reduzierten Bezugsimpedanz angeschlossen. Zu berechnen ist die maximale relative Spannungsänderung d_{max} beim Anlauf.

Aus dem Datenblatt sind die folgenden Daten für den Anlauf bekannt:

$P_n = 10$ kW, $\eta = 0{,}98$, $I_a/I_n = 5$, $\cos \varphi_n = 0{,}95$, $\cos \varphi_L = 0{,}65$ (Leistungsfaktor im Anlauf).

$$\varphi_L = \arccos 0{,}65 = 50°$$

Mit Gl. (5.103)

$$\frac{d_{L0}}{\%} = 0{,}133 \frac{S_L}{kVA} \cos \left(45° - \varphi_L \right)$$

$$= 0{,}133 \frac{(I_a/I_n) P_n / kVA}{\eta \cos \varphi_n} \cos \left(45° - \varphi_L \right)$$

$$= 0{,}133 \frac{5 \cdot 10}{0{,}98 \cdot 0{,}95} \cos \left(45° - 50° \right) = 7{,}11$$

Literatur:

[5.1]   DIN EN 61000-3-3 (VDE 0838-3):2002-05
        Elektromagnetische Verträglichkeit (EMV)
        Teil 3-3: Grenzwerte – Begrenzung von Spannungsänderungen, Spannungs-
        schwankungen und Flicker in öffentlichen Niederspannungs-Versorgungs-
        netzen für Geräte mit einem Bemessungsstrom $\leq$ 16 A je Leiter, die keiner
        Sonderanschlussbedingung unterliegen

[5.2]   IEC 60725:2005-05
        Consideration of reference impedances and public supply network impe-
        dances for use in determining disturbance characteristics of electrical equip-
        ment having a rated current $\leq$ 75 A per phase

[5.3]   DIN EN 61000-3-11 (VDE 0838-11):2001-04
        Elektromagnetische Verträglichkeit (EMV)
        Teil 3-11: Grenzwerte – Begrenzung von Spannungsänderungen,
        Spannungsschwankungen und Flicker in öffentlichen Niederspannungs-
        Versorgungsnetzen – Geräte und Einrichtungen mit einem Bemessungsstrom
        $\leq$ 75 A, die einer Sonderanschlussbedingung unterliegen

6 Berechnung der Flickerstärke – analytisches Verfahren

Die (P_{st} = 1)-Kurve ist im Bereich der Wiederholraten $1\ \text{min}^{-1} \leq r \leq 30\ \text{min}^{-1}$ im doppelt logarithmischen Maßstab annähernd eine Gerade.

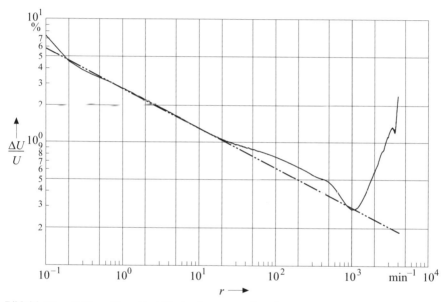

Bild 6.1 (P_{st} = 1)-Kurve für rechteckförmige Spannungsschwankungen (in der Norm ist diese Kurve geglättet dargestellt)

Sie kann daher in diesem Bereich durch einen exponentiellen Ansatz hinreichend genau beschrieben werden.

$$P_{st} = a \left(\frac{r}{\text{min}^{-1}} \right)^b \left(\frac{\Delta U/U}{\%} \right) = 1 \tag{6.1}$$

Die Parameter a, b werden in einfacher Weise aus zwei Wertepaaren ermittelt:

$r = 1\ \text{min}^{-1} \quad \Delta U/U = 2{,}724\ \% \quad \Rightarrow \quad a = 0{,}365$

$r = 22\ \text{min}^{-1} \quad \Delta U/U = 1{,}02\ \% \quad \Rightarrow \quad b = 0{,}31$

Damit liegt ein Verfahren zur analytischen Berechnung des Flickerpegels fest. Positive bzw. negative Spannungsänderungen gleicher Größe führen zur gleichen Flickerstärke. Es ist daher der Betrag der relativen Spannungsänderung maßgebend.

$$P_{st} = 0,365 \left|\frac{\Delta U/U}{\%}\right| \left(\frac{r}{\text{min}^{-1}}\right)^{0,31} \qquad \text{für } 1 \text{ min}^{-1} \leq r \leq 30 \text{ min}^{-1} \qquad (6.2)$$

Die P_{st}-Formel gilt nur im „geraden" Teil (doppelt logarithmischer Maßstab) der $(P_{st} = 1)$-Kurve. Die Anwendung der P_{st}-Formel im Bereich der Wiederholraten $r < 1 \text{ min}^{-1}$ bzw. $r > 30 \text{ min}^{-1}$ führt zu Fehlern. Es wird deshalb ein Korrekturfaktor $R = f(r)$ eingeführt. Der Korrekturfaktor R wird in der Norm [6.1] auch als Frequenzfaktor bezeichnet.

Den auf die $(P_{st} = 1)$-Kurve bezogenen Korrekturfaktor erhält man als Kehrwert von Gl. (6.2)

$$R = \frac{1}{0,365 \left(\frac{r}{\text{min}^{-1}}\right)^{0,31} \left|\frac{\Delta U/U}{\%}\right|} \qquad (6.3)$$

Er ist in **Bild 6.2** für alle Wertepaare der $(P_{st} = 1)$-Kurve grafisch dargestellt.

In der Praxis kann für $0,2 \text{ min}^{-1} < r < 30 \text{ min}^{-1}$ der Korrekturfaktor $R = 1$ angesetzt werden.

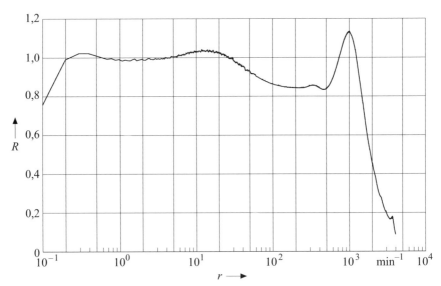

Bild 6.2 Auf $(P_{st} = 1)$-Kurve bezogenen Korrekturfaktor $R = f(r)$

94

Die P_{st}-Formel wurde für periodische rechteckförmige Spannungsänderungen im Tastverhältnis 1:1 hergeleitet. Nicht periodische, rechteckförmige Spannungsänderungen können dann als periodische, rechteckförmige Spannungsänderungen aufgefasst werden, wenn der zeitliche Abstand zwischen zwei Spannungsänderungen größer als 1 s ist.

In der Praxis sind solche rechteckförmigen Spannungsänderungsverläufe selten. Beliebige Spannungsschwankungen müssen mit einem Flickermeter oder dessen digitaler Nachbildung, d. h. mit einem Simulationsprogramm [6.2], bewertet werden.

Einfache Spannungsänderungsverläufe $\Delta U(t)/U$ können in einen flickeräquivalenten Spannungssprung der Amplitude $F \cdot \Delta U_{max}/U$ umgerechnet werden (**Bild 6.3**). F wird als Äquivalenz- oder Formfaktor bezeichnet.

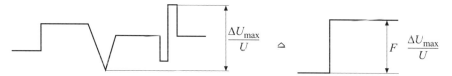

Bild 6.3 Definition Formfaktor
(Der Spannungsänderungsverlauf und der Spannungssprung erzeugen dieselbe Flickerstärke.)

Der Spannungsänderungsverlauf und der flickeräquivalente Spannungssprung liefern dieselbe Flickerstärke. Aufgrund der Amplitudenlinearität (ein Sprung von 2,724 % liefert $P_{st} = 1$) des P_{st}-Verfahrens gilt:

$$F = 2{,}724 \, \frac{P_{st,sim}}{\left| \dfrac{\Delta U_{max}/U}{\%} \right|} \qquad (6.4)$$

$P_{st,sim}$ ist die für den gegebenen Spannungsänderungsverlauf durch Simulationsrechnung mit einem Flicker-Simulationsprogramm ermittelte Flickerstärke.

Besondere Bedeutung haben die Formfaktoren für

- dreieckförmige Spannungsänderungsverläufe (z. B. Motoranlauf)

- rechteck- und trapezförmige Spannungsänderungsverläufe (z. B. Widerstandsschweißmaschinen)

- rampen- und pulsförmige Spannungsänderungsverläufe (z. B. elektronisch gesteuerte Einrichtungen)

Eine Auswahl ist in Bild 6.4, Bild 6.5 und Bild 6.6 dargestellt. Aus **Bild 6.4** erhält man beispielsweise für eine rampenförmige Spannungsänderung mit einer Rampen-

95

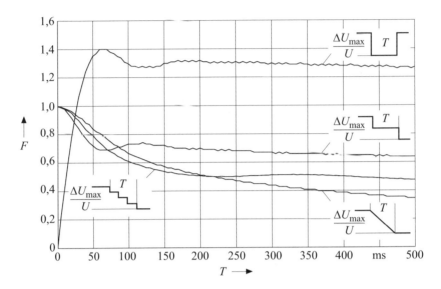

Bild 6.4a Flicker-Formfaktoren

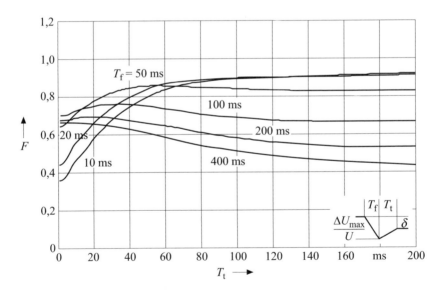

Bild 6.4b Flicker-Formfaktoren $\delta = \Delta U_C/\Delta U_{max} = 1/3$

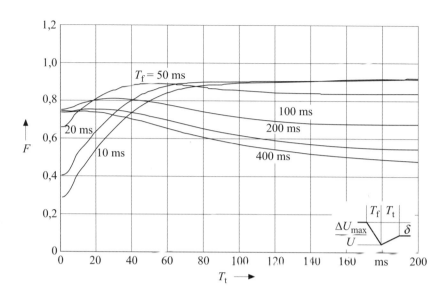

Bild 6.4c Flicker-Formfaktoren $\delta = \Delta U_C/\Delta U_{max} = 1/4$

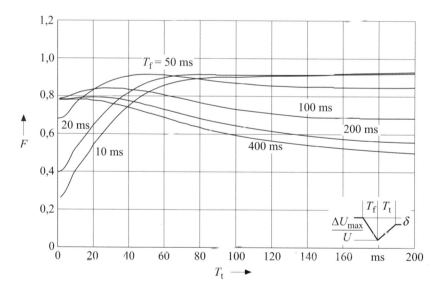

Bild 6.4d Flicker-Formfaktoren $\delta = \Delta U_C/\Delta U_{max} = 1/5$

97

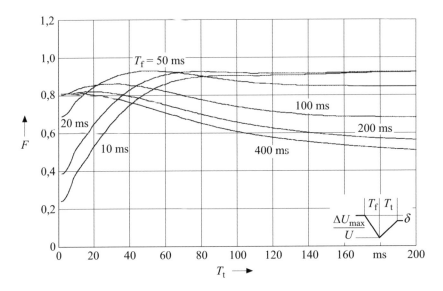

Bild 6.4e Flicker-Formfaktoren $\delta = \Delta U_C / \Delta U_{max} = 1/6$

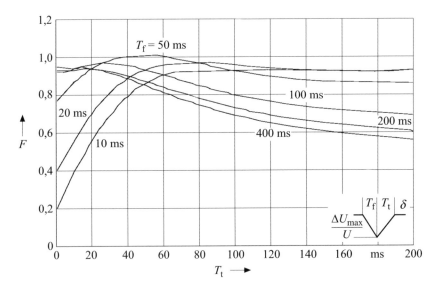

Bild 6.4f Flicker-Formfaktoren $\delta = \Delta U_C / \Delta U_{max} = 0$

zeit von 220 ms einen Formfaktor von $F = 0,5$. Dies bedeutet, dass eine Rampe bei gleicher maximaler relativer Spannungsänderung $\Delta U_{max}/U$ gegenüber einer sprungförmigen Änderung die halbe Flickerstärke liefert.

Es gilt:[1]

$$P_{st} = 0,365 \cdot R \cdot F \left| \frac{\Delta U_{max}/U}{\%} \right| \left(\frac{r}{\min^{-1}} \right)^{0,31} \tag{6.5}$$

r ist die Wiederholrate des bereffenden Spannungsänderungsverlaufs. Eine periodische Wiederholung ist nicht notwendig. Es ist jedoch darauf zu achten, dass zwischen zwei Spannungsänderungsverläufen ein zeitlicher Abstand von mindestens 1 s besteht. Als Beispiel sei ein mehrfacher Motoranlauf mit gleichen Spannungsänderungsverläufen genannt (Beispiel 6.1, siehe unten).

In **Bild 6.5** ist der Formfaktor F_P für rechteckförmige Spannungsschwankungen mit der relativen Einschaltdauer $ED < 1$ dargestellt. Es ist zu beachten, dass der Formfaktor F_P eine gegebene Spannungsschwankung in eine kontinuierliche rechteckförmige Spannungsschwankung umrechnet. Zur Berechnung des P_{st}-Werts ist der Korrekturfaktor R nach Bild 6.2 zu berücksichtigen.

Der resultierende Flickerpegel mehrerer unabhängiger und in ausreichend großen zeitlichen Abstand aufeinander folgenden Spannungsänderungsverläufen mit den Flickerstärken $P_{st,i}$ wird wie folgt berechnet:

$$P_{st,g} = \sqrt[\alpha]{\sum_i P_{st,i}^{\alpha}} = \left(\sum_i P_{st,i}^{\alpha} \right)^{1/\alpha} \tag{6.6}$$

Der Exponent α ist unabhängig von der Form der Spannungsschwankungen, jedoch abhängig von der Beobachtungsdauer (α_1 für $T_P = 1$ min; α_{10} für $T_P = 10$ min) und der Anzahl der unabhängigen Spannungsänderungsverläufe (N_{10} Anzahl der äquivalenten Spannungssprünge in $T_P = 10$ min; N_1 Anzahl der äquivalenten Spannungssprünge in $T_P = 1$ min). In den Normen wird einheitlich der Exponent 3,2 verwendet.

$$P_{st} = 0,365 \cdot R \cdot F \left| \frac{\Delta U_{max}/U}{\%} \right| \left(\frac{N_{10}}{10} \right)^{0,31} \tag{6.7}$$

Für N gleiche Spannungsänderungsverläufe gilt das Summationsgesetz nach Gl. (6.10). Damit lässt sich mit Gl. (6.7) und Gl. (6.10) eine Beziehung für α_{10} in einfacher Weise ermitteln. Es ist R_N eine Funktion von N; $R = f(N)$.

---

[1] In der Literatur und in einigen Normen werden geringfügig andere Zahlenwerte verwendet

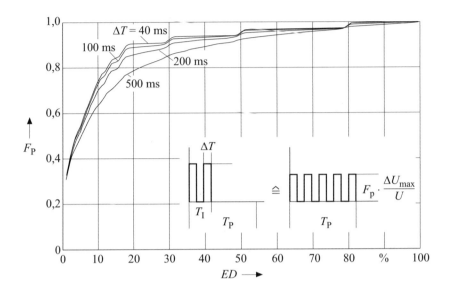

Bild 6.5a Flicker-Formfaktor F_P für pulsförmigen Spannungsänderumgsverlauf, relative Einschaltdauer $ED = T_I/T_P$; $r/\text{min}^{-1} = 120/(2\Delta t/\text{s})$

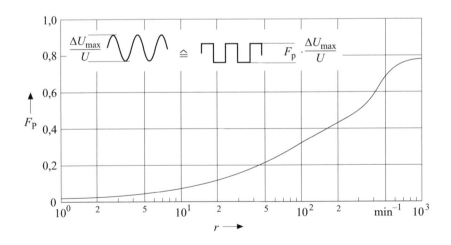

Bild 6.5b Flicker-Formfaktor F_P für sinusförmige Spannungsschwankungen
$r/\text{min}^{-1} = 120 f_F/\text{Hz}$

$$P_{st,g}^{\alpha_{10}} =$$

$$= \left[0{,}365 \cdot F \left| \frac{\Delta U_{max}/U}{\%} \right| \right]^{\alpha_{10}} R_N^{\alpha_{10}} \left(\frac{N_{10}}{10} \right)^{0{,}31\alpha_{10}}$$

$$= \left[0{,}365 \cdot F \left| \frac{\Delta U_{max}/U}{\%} \right| \right]^{\alpha_{10}} R_1^{\alpha_{10}} N_{10} \left(\frac{1}{10} \right)^{0{,}31\alpha_{10}}$$

$$\text{(6.8)}$$

$$= R_N^{\alpha_{10}} \left(\frac{N_{10}}{10} \right)^{0{,}31\alpha_{10}} = R_1^{\alpha_{10}} N_{10} \left(\frac{1}{10} \right)^{0{,}31\alpha_{10}}$$

$$\alpha_{10} \ln(R_N) + 0{,}31\,\alpha_{10} \ln\left(\frac{N_{10}}{10} \right) = \alpha_{10} \ln R_1 + 0{,}31\,\alpha_{10} \ln\left(\frac{1}{10} \right) + \ln(N_{10})$$

$$\alpha_{10} - \frac{\ln(N_{10})}{0{,}31 \ln(N_{10}) + \ln(R_N) - \ln(R_1)}$$

Mit $R_N = 1$ für $0{,}2\,\text{min}^{-1} \leq r \leq 30\,\text{min}^{-1}$ bzw. $2 \leq N_{10} \leq 300$ und $R_1 = 0{,}755$ erhält man

$$\alpha_{10} = \frac{\ln N_{10}}{0{,}31 \ln N_{10} - \ln 0{,}755}$$

$$= \frac{\ln N_{10}}{0{,}31 \ln N_{10} + 0{,}281}$$

$$\text{(6.9)}$$

N_{10}	2	3	4	5	6	7	8	9	10
α_{10}	1,4	1,8	2,0	2,1	2,2	2,2	2,3	2,3	2,3

Tabelle 6.1 Summationsexponent α_{10} für $T_P = 10$ min
Die Tabellenwerte stimmen mit Bild 4.2a überein.

Aus Kapitel 4 ist bekannt, dass $\alpha_1 = 3{,}2$ gesetzt werden kann.

Ein Beispiel für die Anwendung dieser Gleichung ist die Berechnung der resultierenden Flickerstärke von mehreren Motoranläufen mit ungleichen Spannungsänderungsverläufen (Beispiel 6.2, siehe unten). $P_{st,i}$ ist dann die Flickerstärke für jeden einzelnen Motoranlauf.

Für N unabhängige Spannungsänderungsverläufe mit gleichen $P_{st,i}$-Werten gilt:

$$P_{st,g} = \left(\sum_i P_{st,i}^\alpha \right)^{1/\alpha} = \left(N P_{st,i}^\alpha \right)^{1/\alpha} = N^{1/\alpha} P_{st,i}$$

$$\text{(6.10)}$$

Eine äquivalente Betrachtungsweise ergibt sich durch Berücksichtigung der Flicker-Nachwirkungszeit t_f.

Auflösen von Gl. (6.5) nach r liefert für $1\ \text{min}^{-1} \le r \le 30\ \text{min}^{-1}$ ($P_\text{st} = 1$):

$$\frac{r}{\text{min}^{-1}} = \frac{1}{\left(0{,}365 \cdot R \cdot F \left|\dfrac{\Delta U_\text{max}/U}{\%}\right|\right)^{3,2}} \tag{6.11}$$

Für die Flicker-Nachwirkungszeit gilt dann

$$\frac{t_\text{f}}{s} - \frac{60}{r/\text{min}^{-1}} = 60\ 0{,}365^{3,2} \left|F \cdot R \frac{\Delta U_\text{max}/U}{\%}\right|^{3,2} \tag{6.12}$$

$$\frac{t_\text{f}}{s} = 2{,}4 \cdot \left|F \cdot R \frac{\Delta U_\text{max}/U}{\%}\right|^{3,2} \tag{6.13}$$

Die Flicker-Nachwirkungszeit[1] wird für einen äquivalenten Spannungssprung bestimmt.

Nach Auflösen von Gl. (6.12) nach $\left|F \cdot R \dfrac{\Delta U_\text{max}/U}{\%}\right|$

$$\left|F \cdot R \frac{\Delta U_\text{max}/U}{\%}\right| = \frac{(t_\text{f}/s)^{1/3,2}}{0{,}365 \cdot 60^{1/3,2}} \tag{6.14}$$

und Einsetzen in Gl. (6.5) findet man:

$$P_\text{st} = 0{,}365 \left|F \cdot R \frac{\Delta U_\text{max}/U}{\%}\right| = 0{,}365 \frac{(t_\text{f}/s)^{1/3,2}}{0{,}365 \cdot 60^{1/3,2}} = \frac{(t_\text{f}/s)^{1/3,2}}{60^{1/3,2}} \tag{6.15}$$

Allgemein:

$$P_\text{st} = P_{\text{st},g} = \left(\frac{t_\text{f}}{T_\text{p}}\right)^{1/3,2} = \left(\frac{t_\text{f}}{T_\text{p}}\right)^{0,31} \tag{6.16}$$

Der resultierende Flickerpegel mehrerer unabhängiger Spannungsänderungs-verläufe kann, unter Berücksichtigung eines angepassten Summationsexponenten α, berechnet werden, Gl. (6.6):

$$P_\text{st} = P_{\text{st},g} = \left(\sum_i P_{\text{st},i}^\alpha\right)^{1/\alpha} = \left(\sum_i \left(\frac{t_{\text{f},i}}{T_\text{p}}\right)^{\alpha/3,2}\right)^{1/\alpha} \tag{6.17}$$

---

[1] In den Normen wird der Faktor 2,3 verwendet: $\dfrac{t_\text{f}}{s} = 2{,}3 \cdot \left|F \cdot R \dfrac{\Delta U_\text{max}/U}{\%}\right|^{3,2}$

Die Überprüfung der Richtigkeit der Berechnungsmethode wird anhand der $(P_{st} = 1)$-Kurve durchgeführt:

r/min^{-1}	$\dfrac{\Delta U_{max}/U}{\%}$ ($P_{st} = 1$)-Kurve	R	$P_{st,Soll}$	$t_{f,i}$/s (6.13)	$P_{st,i}$ (6.16)	α_{10} (N_{10})	P_{st} (6.17)
0,1	7,364	0,760	1,00	593	1,0	–	–
0,2	4,545	0,993	1,00	126	0,62	1,4	1,01

Tabelle 6.1a Überprüfung der Berechnungsformeln

r/min^{-1}	$\dfrac{\Delta U_{max}/U}{\%}$ ($P_{st} = 1$)-Kurve	R	$P_{st,1min,Soll}$	$t_{f,i}$/s (6.13)	$P_{st,1min,i}$ (6.16)	α_1 (N_1)	$P_{st,1min}$ (6.17)
1	2,724	1,000	1,00	59,3	1,0	–	–
39	0,906	0,957	1,00	1,52	0,32	3,2	1,00

Tabelle 6.1b Überprüfung der Berechnungsformeln

Das Ergebnis überrascht nicht, da die Berechnungsformeln aus der *($P_{st} = 1$)-Kurve* hergeleitet wurden.

In den Beispielen 6.1 bis 6.5 wird einerseits die Anwendung der Gleichungen demonstriert und andererseits die Güte der Rechnung mittels Simulationsrechnung überprüft. Es zeigt sich, dass die analytische Berechnung für beliebige Spannungsänderungsverläufe zwar keine exakten, aber für die Praxis durchaus brauchbare Ergebnisse liefert. Das Referenzverfahren ist im Zweifel daher immer die Simulation mit einem Simulationsprogramm bzw. die Messung mit einem Flickermeter.

Zusammenfassend gilt:

Die analytische Bestimmung des P_{st}-Werts wird in mehreren Schritten durchgeführt:

- Bestimmung des Spannungsänderungsverlaufs durch Messung oder Rechnung
- Ermittlung des Formfaktors
- Berechnung des P_{st}-Werts

Der Formfaktor ist für einige praktisch vorkommende Spannungsänderungsverläufe, die sich durch Polygonzüge darstellen lassen, bekannt. In der Mehrheit der Fälle wird man jedoch den zugehörigen Formfaktor nicht vorfinden. Damit bleibt die Anwendbarkeit des analytischen Verfahrens auf einige wenige Fälle beschränkt. Die Norm DIN EN 61000-3-3 (VDE 0838-3):2002-05 [6.1] lässt die rechnerische Ermittlung der Flickerstärke (analytisches Verfahren) zu.

Die Berechnung der Flickerstärke wird in der Praxis mit Flicker-Simulations-programmen am PC durchgeführt. Ein weit verbreitetes Simulationsprogram ist in Band 109 der VDE-Schriftenreihe [6.2] angegeben. Die vorstehenden Formeln fassen alle wichtigen, Flicker bestimmenden Größen zusammen. Sie bilden damit die Grundlage zur Flickerminimierung.

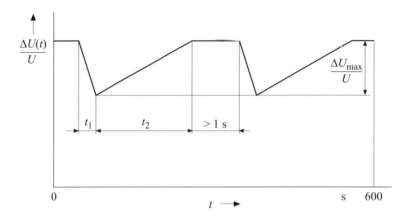

Bild 6.6a Spannungsschwankung: $t_1 = 20$ ms, $t_2 = 200$ ms, $\dfrac{\Delta U_{max}}{U} = -1{,}7\ \%$

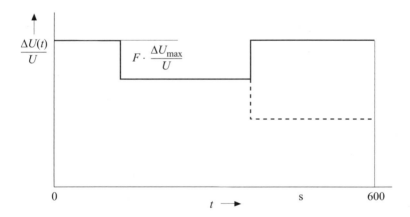

Bild 6.6b Äquivalenter Spannungsänderungsverlauf
(Für unabhängige Spannungssprünge spielen die Richtung und der zeitliche Abstand der Spannungs-änderungen keine Rolle, man erhält eine periodische, regelmäßige rechteckförmige Spannungsschwan-kung mit $r = 0{,}2$ min^{-1}.)

Beispiel 6.1:

Gegeben ist die Spannungsschwankung nach **Bild 6.6**.

Gesucht ist der P_{st}-Wert.

Es handelt sich um zwei gleiche Spannungsänderungsverläufe im Zeitabstand größer 1 s. Der dreieckförmige Spannungsänderungsverlauf muss über den Formfaktor in einen äquivalenten Spannungssprung umgerechnet werden.

$$\left|\frac{\Delta U_{max}}{U}\right| = 1,7\,\%$$

r = zwei Änderungen in 10 min: $0,2\ min^{-1}$

F = 0,92 ($\delta = \Delta U_c/\Delta U_{max} = 0$: Bild 6.4f mit $T_f = 20$ ms, $T_t = 200$ ms)

R = 1

Mit Gl. (6.5) erhält man:

$$P_{st} = 0,365 \cdot R \cdot F \left|\frac{\Delta U_{max}/U}{\%}\right| \left(\frac{r}{min^{-1}}\right)^{0,31}$$

$$= 0,365 \cdot 1 \cdot 0,92 \cdot 1,7 \cdot 0,2^{0,31} = 0,35$$

(Simulation $P_{st} = 0,37$)

Alternativ kann man die Flickernachwirkungszeit mit Gl. (6.13) bestimmen. Sie ist für beide Spannungsänderungsverläufe gleich.

$$t_{f,i} = 2,4\ \text{s} \left|F \cdot R \frac{\Delta U_{max}/U}{\%}\right|^{3,2}$$

$$= 2,4\ \text{s} \cdot (0,92 \cdot 0,76 \cdot 1,7)^{3,2} = 4,17\ \text{s}$$

Der P_{st}-Wert beträgt mit Gl. (6.16)

$$P_{st,i} = \left(\frac{t_f}{T_p}\right)^{1/3,2} = \left(\frac{4,17\ \text{s}}{600\ \text{s}}\right)^{1/3,2} = 0,21$$

Die gesamte resultierende Flickerstärke berechnet man durch Summation nach Gl. (6.17) mit $\alpha_{10}(2) = 1,4$:

$$P_{st} = \sqrt[1,4]{\sum_i P_{st,i}^{1,4}}$$

$$= \sqrt[1,4]{P_{st,1}^{1,4} + P_{st,2}^{1,4}}$$

$$= \sqrt[1,4]{0,21^{1,4} + 0,21^{1,4}} = 0,35$$

Beispiel 6.2

Gegeben ist die in **Bild 6.7** dargestellte Spannungsschwankung.

Gesucht ist der P_{st}-Wert

a) für $T = 600$ s
b) für $T = 60$ s

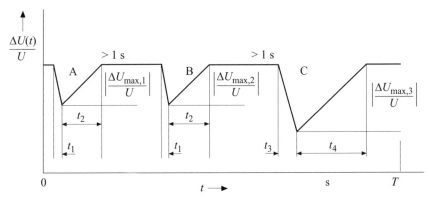

Bild 6.7 Spannungsschwankung: $t_1 = 20$ ms, $t_2 = 100$ ms, $\Delta U_{max,1}/U = \Delta U_{max,2}/U = -2{,}6$ %, $t_3 = 50$ ms, $t_4 = 180$ ms, $\Delta U_{max,3}/U = -3{,}8$ %

Die beiden ersten Spannungsänderungsverläufe sind gleich.

$|\Delta U_{max,1,2}|$ = 2,6 %

$F_{1,2} = F_1 = F_2 = 0{,}96$ ($\delta = \Delta U_c/\Delta U_{max} = 0$: Bild 6.4f mit $T_f = 20$ ms, $T_t = 100$ ms)

$|\Delta U_{max,3}/U|$ = 3,8 %

F_3 = 0,87 ($\delta = \Delta U_c/\Delta U_{max} = 0$: Bild 6.4f mit $T_f = 50$ ms, $T_t = 180$ ms)

a) Berechnung des P_{st}-Werts ($T = 600$ s)

$$r_{1,2} = 0{,}1\ \text{min}^{-1}\left(N_{10} = 1\right)$$

$$R_{1,2} = 0{,}76$$

$$r_3 = 0{,}1\ \text{min}^{-1}\left(N_{10} = 1\right)$$

$$R_3 = 0{,}76$$

$$P_{st,1,2} = 0{,}365 \cdot R_{1,2} \cdot F_{1,2}\frac{\left|\Delta U_{max,1,2}/U\right|}{\%}\left(\frac{r_{1,2}}{\text{min}^{-1}}\right)^{0,31}$$

$$= 0{,}365 \cdot 0{,}76 \cdot 0{,}96 \cdot 2{,}6 \cdot 0{,}1^{0,31} = 0{,}34$$

(Simulation $P_{st} = 0{,}35$)

106

$P_{st,1,2}$ ist die Flickerstärke, die sich ergibt, wenn in dem betrachteten 10-min-Intervall nur der Spannungsänderungsverlauf A bzw. B vorhanden wären.

$$P_{st,3} = 0,365 \cdot R_3 \cdot F_3 \left| \frac{\Delta U_{max,3}/U}{\%} \right| \left(\frac{r_3}{\min^{-1}} \right)^{0,31}$$

$$= 0,365 \cdot 0,76 \cdot 0,87 \cdot 3,8 \cdot 0,1^{0,31} = 0,45$$

(Simulation $P_{st} = 0,45$)

$P_{st,3}$ ist die Flickerstärke, die sich ergibt, wenn in dem betrachteten 10-min-Intervall nur der Spannungsänderungsverlauf C vorhanden wäre.

Die gesamte resultierende Flickerstärke berechnet man durch Summation mit $\alpha_{10}(3) = 1,8$:

$$P_{st} = \sqrt[1,8]{\sum_i P_{st,i}^{1,8}}$$

$$= \sqrt[1,8]{P_{st,1}^{1,8} + P_{st,2}^{1,8} + P_{st,3}^{1,8}}$$

$$= \sqrt[1,8]{0,34^{1,8} + 0,34^{1,8} + 0,45^{1,8}} = 0,70$$

(Simulation $P_{st} = 0,70$)

Alternativ kann man die Flickernachwirkungszeit mit Gl. (6.13) bestimmen. Sie ist für die beiden ersten Spannungsänderungsverläufe A und B gleich.

$$t_{f,1,2} = 2,4\,s \left| F_{1,2} \cdot R_{1,2} \frac{\Delta U_{max,1,2}/U}{\%} \right|^{3,2}$$

$$= 2,4\,s \cdot (0,96 \cdot 0,76 \cdot 2,6)^{3,2} = 18,6\,s$$

$$P_{st,1,2} = \left(\frac{t_f}{T_p} \right)^{1/3,2} = \left(\frac{18,6\,s}{600\,s} \right)^{1/3,2} = 0,34$$

$$t_{f,3} = 2,4\,s \left| F_3 \cdot R_3 \frac{\Delta U_{max,3}/U}{\%} \right|^{3,2}$$

$$= 2,4\,s \cdot (0,87 \cdot 0,76 \cdot 3,8)^{3,2} - 45,8\,s$$

$$P_{st,3} = \left(\frac{t_f}{T_p} \right)^{1/3,2} = \left(\frac{45,8\,s}{600\,s} \right)^{1/3,2} = 0,45$$

$$P_{st} = \sqrt[1,8]{\sum_i P_{st,i}^{1,8}}$$

$$= \sqrt[1,8]{P_{st,1}^{1,8} + P_{st,2}^{1,8} + P_{st,3}^{1,8}}$$

$$= \sqrt[1,8]{0,34^{1,8} + 0,34^{1,8} + 0,45^{1,8}} = 0,70$$

b) Berechnung des $P_{st,1min}$-Werts ($T - 60$ s)

$$r_{1,2} = 1\,\text{min}^{-1}\left(N_1 = 1\right)$$

$$R_{1,2} = 1,0$$

$$r_3 = 1\,\text{min}^{-1}\left(N_1 = 1\right)$$

$$R_3 = 1,0$$

$$P_{st,1min,1,2} = 0,365 \cdot R_{1,2} \cdot F_{1,2} \left|\frac{\Delta U_{max,1,2}/U}{\%}\right| \left(\frac{r_{1,2}}{\text{min}^{-1}}\right)^{0,31}$$

$$= 0,365 \cdot 1,0 \cdot 0,96 \cdot 2,6 \cdot 1^{0,31} = 0,91$$

$P_{st,1min,1,2}$ ist die Flickerstärke, die sich ergibt, wenn in dem betrachteten 1-min-Intervall nur der Spannungsänderungsverlauf A bzw. B vorhanden wäre.

$$P_{st,1min,3} = 0,365 \cdot R_3 \cdot F_3 \left|\frac{\Delta U_{max,3}/U}{\%}\right| \left(\frac{r_3}{\text{min}^{-1}}\right)^{0,31}$$

$$= 0,365 \cdot 1,0 \cdot 0,87 \cdot 3,8 \cdot 1^{0,31} = 1,21$$

$P_{st,1min,3}$ ist die Flickerstärke, die sich ergibt, wenn in dem betrachteten 1-min-Intervall nur der Spannungsänderungsverlauf C vorhanden wäre.

Die gesamte, resultierende Flickerstärke berechnet man durch Summation mit $\alpha_1 = 3,2$:

$$P_{st,1min} = \sqrt[3,2]{\sum_i P_{st,1min,i}^{3,2}}$$

$$= \sqrt[3,2]{P_{st,1min,1}^{3,2} + P_{st,1min,2}^{3,2} + P_{st,1min,3}^{3,2}}$$

$$= \sqrt[3,2]{0,91^{3,2} + 0,91^{3,2} + 1,21^{3,2}} = 1,45$$

(Simulation $P_{st} = 1,46$)

Alternativ kann man die Flickernachwirkungszeit mit Gl. (6.13) bestimmen. Sie ist für die beiden ersten Spannungsänderungsverläufe A und B gleich.

$$t_{f,1,2} = 2,4 \text{ s} \left| F \cdot R \frac{\Delta U_{max}/U}{\%} \right|^{3,2}$$

$$= 2,4 \text{ s} \cdot (0,96 \cdot 1,0 \cdot 2,6)^{3,2} = 44,8 \text{ s}$$

$$P_{st,1\,min,1,2} = \left(\frac{t_f}{T_p} \right)^{1/3,2} = \left(\frac{44,8 \text{ s}}{60 \text{ s}} \right)^{1/3,2} = 0,91$$

$$t_{f,3} = 2,4 \text{ s} \left| F \cdot R \frac{\Delta U_{max}/U}{\%} \right|^{3,2}$$

$$= 2,4 \text{ s} \cdot (0,87 \cdot 1,0 \cdot 3,8)^{3,2} = 110,1$$

$$P_{st,1\,min,3} = \left(\frac{t_f}{T_p} \right)^{1/3,2} = \left(\frac{110,1 \text{ s}}{60 \text{ s}} \right)^{1/3,2} = 1,21$$

$$P_{st,1\,min} = \sqrt[3,2]{\sum_i P_{st,1\,min,i}^{3,2}}$$

$$= \sqrt[3,2]{P_{st,1\,min,1}^{3,2} + P_{st,1\,min,2}^{3,2} + P_{st,1\,min,3}^{3,2}}$$

$$= \sqrt[3,2]{0,91^{3,2} + 0,91^{3,2} + 1,21^{3,2}} = 1,45$$

Beispiel 6.3

Gegeben ist die in **Bild 6.8** dargestellte Spannungsschwankung. Gesucht ist der P_{st}-Wert.

$$\frac{r}{\text{min}^{-1}} = \frac{120}{2 \cdot \Delta T/\text{s}} = \frac{120}{2 \cdot 0,040} = 1500$$

$R = 0,78 \qquad$ (Bild 6.2 mit $r = 1500 \text{ min}^{-1}$)

$F_p = 0,73 \qquad$ (Bild 6.5 mit $\Delta T = 40 \text{ ms}$, $ED = 10 \%$)

$$P_{st} = 0,365 \cdot R \cdot F_p \left| \frac{\Delta U_{max}/U}{\%} \right| \left(\frac{r}{\text{min}^{-1}} \right)^{0,31}$$

$$= 0,365 \cdot 0,78 \cdot 0,73 \cdot 1,3 \cdot 1500^{0,31} = 2,61$$

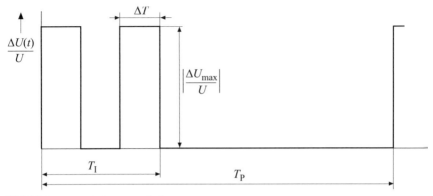

Bild 6.8 Spannungsänderungsverlauf:

$|\Delta U_{max}/U| = 1{,}3\,\%, ED = T_I/T_P = 10\,\%, \Delta T = 40\,\text{ms}$

Im 1-min- und 10-min-Intervall erhält man bei gleicher relativer Einschaltdauer denselben P_{st}-Wert.

Beispiel 6.4

Gegeben ist die Spannungsschwankung nach **Bild 6.9**.

Gesucht ist der P_{st}-Wert.

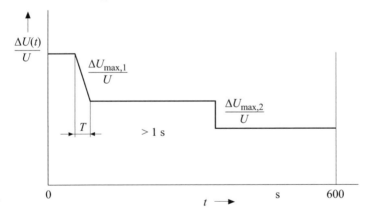

Bild 6.9 Spannungsschwankung:

$\Delta U_{max,1}/U = -2{,}0\,\%, T = 60\,\text{ms}, \Delta U_{max,2}/U = -1{,}5\,\%$

In diesem Beispiel ist zu beachten, dass die maßgebliche Spannungsänderung immer auf den Beginn des betrachteten Spannungsänderungsverlaufs bezogen wird.

$|\Delta U_{\text{max},1}/U| = 2,0\,\%$

$r_1 \qquad = 0,1\ \text{min}^{-1}$

$F_1 \qquad = 0,81\ (\text{Bild 6.4a mit } T = 60\ \text{ms})$

$R_1 \qquad = 0,76$

$|\Delta U_{\text{max},2}/U| = 1,5\,\%$

$r_2 \qquad = 0,1\ \text{min}^{-1}$

$F_1 \qquad = 1,0$

$R_2 \qquad = 0,76$

$$P_{\text{st},1} = 0,365 \cdot R_1 \cdot F_1 \left| \frac{\Delta U_{\text{max},1}/U}{\%} \right| \left(\frac{r_1}{\text{min}^{-1}} \right)^{0,31}$$

$$= 0,365 \cdot 0,76 \cdot 0,81 \cdot 2,0 \cdot 0,1^{0,31} = 0,22$$

$$P_{\text{st},2} = 0,365 \cdot R_2 \cdot F_2 \left| \frac{\Delta U_{\text{max},2}/U}{\%} \right| \left(\frac{r_2}{\text{min}^{-1}} \right)^{0,31}$$

$$= 0,365 \cdot 0,76 \cdot 1,0 \cdot 1,5 \cdot 0,1^{0,31} = 0,20$$

(Alternativ kann $P_{\text{st},2}$ für einen Sprung aus der $(P_{\text{st}} = 1)$-Kurve ermittelt werden: Es gilt $\Delta U/U = 7,36\,\% \Rightarrow P_{\text{st}} = 1,0$. Dann ist $P_{\text{st},2} = 1,5\,\%/7,36\,\% = 0,2$)

Die gesamte resultierende Flickerstärke beträgt mit $\alpha_{10}(2) = 1,4$:

$$P_{\text{st}} = {}^{1,4}\!\!\sqrt{\sum_i P_{\text{st},i}^{1,4}}$$

$$= {}^{1,4}\!\!\sqrt{P_{\text{st},1}^{1,4} + P_{\text{st},2}^{1,4}}$$

$$= {}^{1,4}\!\!\sqrt{0,22^{1,4} + 0,20^{1,4}} = 0,34$$

(Simulation $P_{\text{st}} = 0,34$)

Berechnung mit Hilfe der Flicker-Nachwirkungszeit

$$t_{\text{f},1} = 2,4\ \text{s} \left| F \cdot R \frac{\Delta U_{\text{max}}/U}{\%} \right|^{3,2}$$

$$= 2,4\ \text{s} \cdot \left(0,81 \cdot 0,76 \cdot 2,0 \right)^{3,2} = 4,67\ \text{s}$$

$$P_{\text{st},1} = \left(\frac{t_{\text{f}}}{T_{\text{p}}} \right)^{1/3,2} = \left(\frac{4,67\ \text{s}}{600\ \text{s}} \right)^{1/3,2} = 0,22$$

$$t_{f,2} = 2,4 \text{ s} \left| F \cdot R \frac{\Delta U_{max}/U}{\%} \right|^{3,2}$$

$$= 2,4 \text{ s} \cdot (1,0 \cdot 0,76 \cdot 1,5)^{3,2} = 3,65 \text{ s}$$

$$P_{st,2} = \left(\frac{t_f}{T_p} \right)^{1/3,2} = \left(\frac{3,65 \text{ s}}{600 \text{ s}} \right)^{1/3,2} = 0,20$$

$$P_{st} = \sqrt[1,4]{\sum_i P_{st,i}^{1,4}}$$

$$= \sqrt[1,4]{0,22^{1,4} + 0,20^{1,4}} = 0,34$$

Beispiel 6.5:

Gegeben ist die Spannungsschwankung nach **Bild 6.10**.
Gesucht ist der P_{st}-Wert.

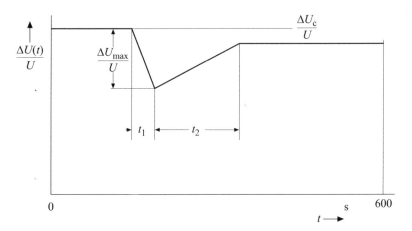

Bild 6.10 Spannungsschwankung: $t_1 = 70$ ms, $t_2 = 170$ ms, $\dfrac{\Delta U_{max}}{U} = -4,6\,\%$, $\dfrac{DU_c}{U} = -1,1\,\%$

$$\left| \frac{\Delta U_{max}}{U} \right| = 4,6\,\%$$

r = eine Änderung in 10 min = 0,1 min^{-1}

R = 0,76

Der Formfaktor F kann aus den vorliegenden Kurven nicht unmittelbar bestimmt werden. Mit $\delta = \Delta U_c / \Delta U_{max} = 1{,}1\ \%/4{,}6\ \% \approx 1/4$ erhält man aus Bild 6.4c für $T_t = t_2 = 170$ ms den Formfaktor durch lineare Interpolation zwischen den Kurven für $T_f = 100$ ms und $T_f = 50$ ms zu

$$F = \left(0{,}91 - 0{,}68\right)\frac{100 - 70}{100 - 50} + 0{,}68 = 0{,}82$$

$$P_{st} = 0{,}365 \cdot R \cdot F \left|\frac{\Delta U_{max}/U}{\%}\right| \left(\left(\frac{r}{\min^{-1}}\right)\right)^{0{,}31}$$

$$= 0{,}365 \cdot 0{,}76 \cdot 0{,}82 \cdot 4{,}6 \cdot 0{,}1^{0{,}31} = 0{,}51$$

(Simulation $P_{st} = 0{,}51$)

Literatur

[6.1] DIN EN 61000-3-3 (VDE 0838-3):2002-05
Elektromagnetische Verträglichkeit (EMV)
Teil 3-3: Grenzwerte – Begrenzung von Spannungsänderungen, Spannungs-schwankungen und Flicker in öffentlichen Niederspannungs-Versorgungs-netzen für Geräte mit einem Bemessungsstrom ≤ 16 A je Leiter, die keiner Sonderanschlussbedingung unterliegen

[6.2] *Mombauer, W.:*
EMV
Messung von Spannungsschwankungen und Flickern mit dem IEC-Flickermeter
Theorie, Normung nach VDE 0847-4-15 (EN 61000-4-15) – Simulation mit Turbo-Pascal
VDE-Schriftenreihe Band 109, VDE VERLAG, Berlin und Offenbach, 2000

7   Flickerminimierung

Die Kenntnis der Formfaktoren ermöglicht es, Wege zur Reduzierung des Flicker-pegels aufzuzeigen. Wirksame Maßnahmen sind:

- Begrenzung der Amplitude der maximalen Spannungsänderung

- Vermeidung von schnellen Spannungsänderungen durch

    – Verflachung der Anstiegszeit

    – Aufteilung von einzelnen Spannungssprüngen auf Teilsprünge

Aus (**Bild 7.**1) ist ersichtlich, dass in Abhängigkeit von der Pulsdauer T die Aufteilung eines einzelnen Spannungssprungs auf zwei Teilsprünge manch-mal günstiger ist als die Verwendung einer Rampe oder die Aufteilung auf vier Teilsprünge. In jedem Fall sind sorgfältige Überlegungen ratsam, die durch eine Simulation unterstützt werden sollten.

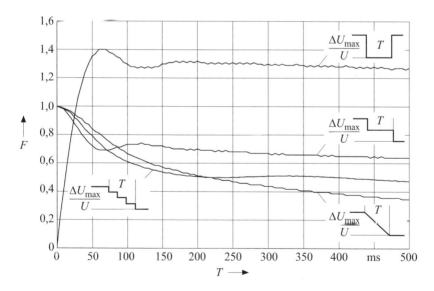

Bild 7.1 Flicker-Formfaktoren

- Beeinflussung der Wiederholrate
- Vermeidung von impulsförmigen Spannungsänderungsverläufen der Pulsdauer $T = 64$ ms (Bild 7.1)

Der resultierende Flickerpegel mehrerer unabhängiger und in ausreichend großen zeitlichen Abständen aufeinander folgender Spannungsänderungsverläufe mit den Flickerstärken $P_{st,i}$ beträgt:

$$P_{st,g} = \sqrt[\alpha]{\sum_i P_{st,i}^{\alpha}} = \left(\sum_i P_{st,i}^{\alpha} \right)^{1/\alpha} \qquad (7.1)$$

Zwei Spannungsänderungsverläufe sind dann unabhängig voneinander, wenn der zeitliche Abstand der einzelnen Spannungsänderungsverläufe $T > 1$ s ist.

Wir betrachten dazu die Blöcke 2 bis 4 des Flickermeter-Blockschaltbilds (**Bild 7.2**). In den einzelnen Blöcken sind das Glühlampenmodell und das Modell des menschlichen Wahrnehmungssystems (Rashbass-Modell) dargestellt.

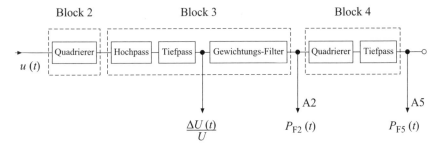

Bild 7.2 Blockschaltbild: Flickermeter

- Block 2: Quadrierer (Quadratischer Demodulator)

  In diesem Block wird der quadratische Teil des Lampenmodells realisiert. Das Lampenmodell besteht aus einem Quadrierer und einem Tiefpass 1. Ordnung. Der im Lampenmodell enthaltene Tiefpass ist im Gewichtungsfilter in Block 3 berücksichtigt.

- Block 3: Bandpass, Gewichtungsfilter

  Der Block 3 beinhaltet einen Bandpass, bestehend aus einem Hochpass 1. Ordnung mit der Eckfrequenz 0,05 Hz und einem Tiefpass (Butterworth-Filter 6. Ordnung mit der Eckfrequenz $f_C = 35$ Hz), sowie einen Gewichtungsfilter. Der Ausgang des Gewichtungsfilters wird als Ausgang 2, $P_{F2}(t)$ bezeichnet.

116

Der Block 3 erfüllt folgende Aufgaben:

- Unterdrückung des Gleichanteils und des Anteils mit doppelter Netzfrequenz,

- Gewichtung der Spannungsschwankung entsprechend dem Lampentiefpass und dem menschlichen Wahrnehmungssystem.

- Block 4: Varianz-Schätzer

  Der im Rashbass-Modell vorhandene Varianz-Schätzer wird durch Quadrierung und einen Tiefpass 1. Ordnung mit der Zeitkonstanten $\tau = 300$ ms realisiert. Der Ausgang des Varianzschätzers wird als Ausgang 5 bezeichnet. Das Ausgangssignal $P_{F5}(t)$ (Ausgang 5) gibt den momentanen Flicker-Eindruck an.

Nach der Quadrierung in Block 2 und Tiefpassfilterung (Butterworth-Filter) in Block 3 erhält man am Eingang des Gewichtungsfilters in erster Näherung die relative Spannungsschwankung $\Delta U(t)/U$. Das Gewichtungsfilter in Block 3 stellt ein lineares System dar, für das insbesondere der Überlagerungssatz Gültigkeit hat:

$$\frac{\Delta U_1(t)}{U} \rightarrow P_{F2,1}(t)$$

$$\frac{\Delta U_2(t)}{U} \rightarrow P_{F2,2}(t) \tag{7.2}$$

$$\frac{\Delta U_1(t)}{U} + \frac{\Delta U_2(t)}{U} = P_{F2,1}(t) + P_{F2,2}(t)$$

Das Signal $P_{F2}(t)$ am Ausgang 2 des Flickermeters wird von den meisten technisch ausgeführten Flickermetern nicht zur Verfügung gestellt.

Die Kenntnis von $P_{F2}(t)$ liefert einige wichtige Erkenntnisse. Wir betrachten einen pulsförmigen Spannungsänderungsverlauf mit dem Pulsabstand T; nach einem negativen Spannungssprung folgt nach dem Zeitabschnitt T ein positiver Rücksprung. **Bild 7.3** zeigt die zugehörigen Signale. Man erkennt in Bild 7.3a, dass sich die Antwortfunktionen des Gewichtungsfilters auf den negativen Spannungssprung $P_{F2,1}(t)$ und auf den positiven Spannungssprung $P_{F2,2}(t)$ nicht überlagern; der zweite Spannungssprung tritt erst dann auf, wenn $P_{F2,1}(t)$ nahezu auf null abgeklungen ist. Dies wird auch aus Bild 7.3b deutlich. Die Voraussetzung für die Anwendung des exponentiellen Summationsgesetzes ist damit gegeben. In diesem Fall addieren sich die Flickerpegel $P_{st,i}$ der beiden Spannungssprünge nach dem exponentiellen Summationsgesetz, unabhängig von der Polarität der Spannungssprünge.

Bei einem zeitlichen Abstand von $T < 1$ s tritt eine polaritätsabhängige Überlagerung der Filterantworten zu den einzelnen Spannungsänderungsverläufen auf (over-

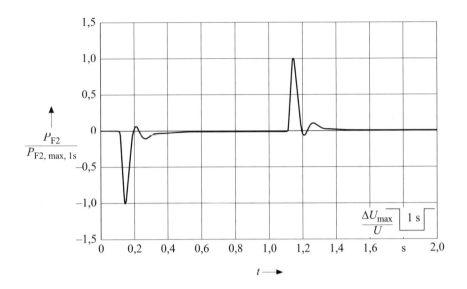

Bild 7.3a $P_{F2}/P_{F2,max,1s}$, Rechteckpuls, $T = 1$ s, $P_{st,1min} = 0,46$, $S = 2,0$

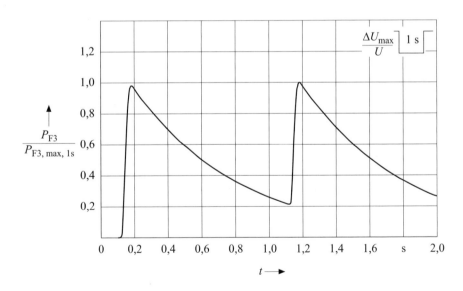

Bild 7.3b $P_{F3}/P_{F3,max,1s}$, Rechteckpuls, $T = 1$ s, $P_{st,1min} = 0,46$

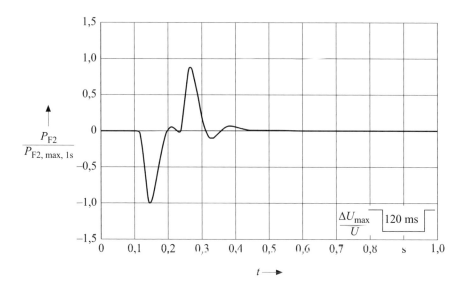

Bild 7.3c $P_{F2}/P_{F2,max,1s}$, Rechteckpuls, $T = 120$ ms, $P_{st,1min} = 0,47$, $S = 1,89$

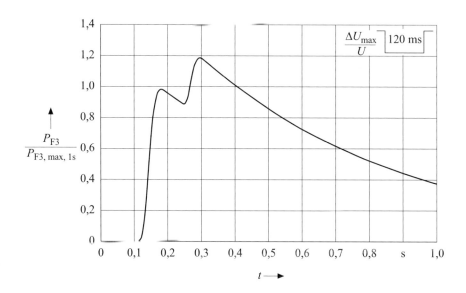

Bild 7.3d $P_{F3}/P_{F3,max,1s}$, Rechteckpuls, $T = 120$ ms, $P_{st,1min} = 0,47$

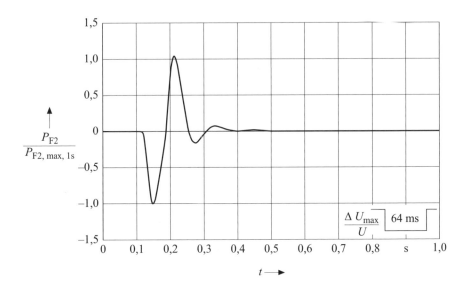

Bild 7.3e $P_{F2}/P_{F2,max,1s}$, Rechteckpuls, $T = 64$ ms, $P_{st,1min} = 0.52$, $S = 2.04$

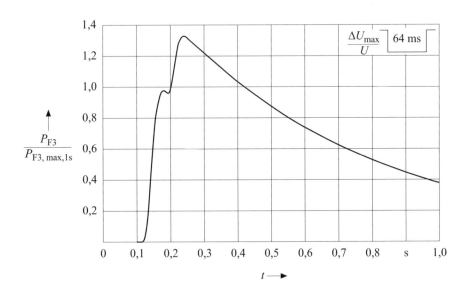

Bild 7.3f $P_{F3}/P_{F3,max,1s}$, Rechteckpuls, $T = 64$ ms, $P_{st,1min} = 0.52$

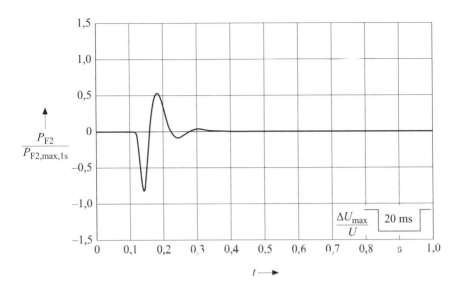

Bild 7.3g $P_{F2}/P_{F2,max,1s}$, Rechteckpuls, $T = 20$ ms, $P_{st,1min} = 0,29$, $S = 1,34$

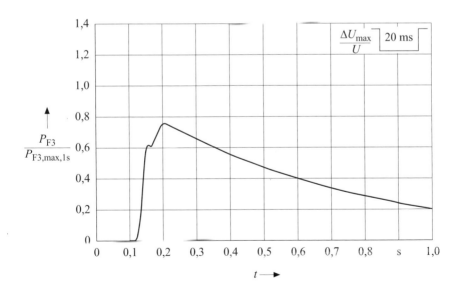

Bild 7.3h $P_{F3}/P_{F3,max,1s}$, Rechteckpuls, $T = 20$ ms, $P_{st,1min} = 0,29$

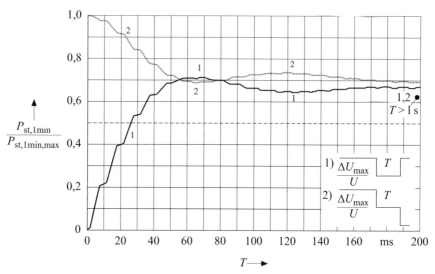

Bild 7.4a $P_{st,1min}$-Wert für zwei Sprünge mit $\Delta U_{max}/U = 1\ \%$ in Abhängigkeit von der Polarität und dem zeitlichen Abstand T

$P_{st,1min,1}/P_{st,1min,max} = P_{st,1min,2}/P_{st,1min,max} = 0,5$

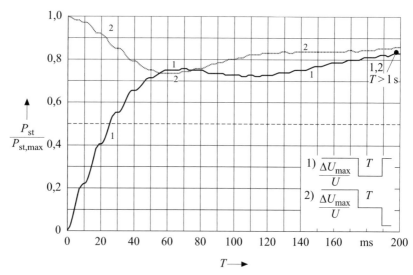

Bild 7.4b P_{st}-Wert für zwei Sprünge mit $\Delta U_{max}/U = 1\ \%$ in Abhängigkeit von der Polarität und dem zeitlichen Abstand T

$P_{st1}/P_{st,max} = P_{st2}/P_{st,max} = 0,5$

122

lapping), z. B. in Bild 7.3c. **Bild 7.4** zeigt den resultierenden P_{st}-Wert in Abhängigkeit vom Abstand T und der Polarität zweier Spannungssprünge gleicher Höhe $\Delta U_{max}/U$. Alle Signale sind jeweils auf den Maximalwert für $T = 1$ s bezogen.

Die Auswertung von Bild 7.4 liefert, unabhängig von der Beobachtungsdauer, folgende Erkenntnisse:

- 1. Sprung negativ, 2. Sprung positiv
  - 0 ms $\leq T \leq 26$ ms
    Die resultierende Flickerstärke zweier Spannungssprünge ist kleiner als die Flickerstärke eines einzelnen Spannungssprungs. Für einen einzelnen Spannungssprung erhält man in der normierten Darstellung $P_{st}/P_{st,max} = 0{,}5$.
  - 0 ms $\leq T \leq 64$ ms
    $P_{st}/P_{st,max}$ ansteigend
  - $T = 64$ ms
    Maximalwert von $P_{st}/P_{st,max}$
  - 64 ms $\leq T \leq 120$ ms
    $P_{st}/P_{st,max}$ fallend
  - 120 ms $\leq T \leq 200$ ms
    $P_{st}/P_{st,max}$ ansteigend

- 1. Sprung negativ, 2. Sprung negativ
  - 0 ms $\leq T \leq 64$ ms
    $P_{st}/P_{st,max}$ fallend
  - $T = 64$ ms
    Minimalwert von $P_{st}/P_{st,max}$
  - 64 ms $\leq T \leq 120$ ms
    $P_{st}/P_{st,max}$ ansteigend
  - 120 ms $\leq T \leq 200$ ms
    $P_{st,1\,min}/P_{st,1\,min,max}$ fallend; $P_{st}/P_{st,max}$ nahezu konstant,

- $T > 1$ s, Flickerstärke ist polaritätsunabhängig, es gilt das exponentielle Summationsgesetz

$$\frac{P_{st,1\,min}}{P_{st,1\,min,max}} = \left[\left(\frac{P_{st,1\,min,1}}{P_{st,1\,min,max}}\right)^{3,2} + \left(\frac{P_{st,1\,min,2}}{P_{st,1\,min,max}}\right)^{3,2}\right]^{1/3,2}$$

$$= \left(0{,}5^{3,2} + 0{,}5^{3,2}\right)^{1/3,2} = 0{,}62$$

bzw.

$$\frac{P_{st}}{P_{st,max}} = \left[\left(\frac{P_{st,1}}{P_{st,max}}\right)^{1,4} + \left(\frac{P_{st,2}}{P_{st,max}}\right)^{1,4}\right]^{1/1,4}$$

$$= \left(0,5^{1,4} + 0,5^{1,4}\right)^{1/1,4} = 0,82$$

Die vorstehenden Werte sind in Bild 7.4 (•) eingetragen.

Bei der Überlagerung von mehreren Flicker erzeugenden Prozessen kann die gemeinsame Flickerwirkung im Allgemeinen nur durch Simulation ermittelt werden. Es zeigt sich aber auch, dass durch die gezielte Nutzung des Overlapping-Effekts u. U. erhebliche Flickerreduzierungen möglich sind [7.1].

Untersucht werden soll die Summenwirkung von fünf unterschiedlichen Prozessen (Spannungsänderungsverläufe Bild 7.5a) mit einer Wiederholrate von $r = 1$ min^{-1}.

Die Flickerstärken der einzelnen Prozesse betragen:

$P_{st,1min,1} = 0,72$

$P_{st,1min,2} = 0,48$

$P_{st,1min,3} = 0,88$

$P_{st,1min,4} = 0,60$

$P_{st,1min,5} = 0,47$

Würden die Spannungsänderungsverläufe zum selben Zeitpunkt starten, dann erhielte man eine resultierende Flickerstärke von $P_{st,1min,\Delta t=0} = 2,81$. Dies wäre die ungünstigste Lösung. Werden die Prozesse gegeneinander verriegelt, d. h. zwischen jedem Spannungsänderungsverlauf besteht mindestens ein Zeitabschnitt von $T > 1$ s, dann liefert die Simulation $P_{st,1min} = 1,20$.

Die Optimierungsaufgabe besteht darin, die Startzeitpunkte der einzelnen Prozesse so zu bestimmen, dass die resultierende Flickerstärke minimal wird. Dazu ist ein mathematisches Optimierungsverfahren erforderlich, das in Abhängigkeit eines Gütekriteriums das globale Extremum einer multivarianten Funktion sucht. Einzelheiten dazu und entsprechende Programme findet man in [7.2]. An dieser Stelle werden die Ergebnisse angegeben:

Prozess 1: Startzeitpunkt $\Delta t_1 = 0$ s

Prozess 2: Startzeitpunkt $\Delta t_2 = 0,030$ s

Prozess 3: Startzeitpunkt $\Delta t_3 = 0,084$ s

Prozess 4: Startzeitpunkt $\Delta t_4 = 0,168$ s

Prozess 5: Startzeitpunkt $\Delta t_5 = 0,257$ s

mit $\Delta t_i = t_i - t_1$

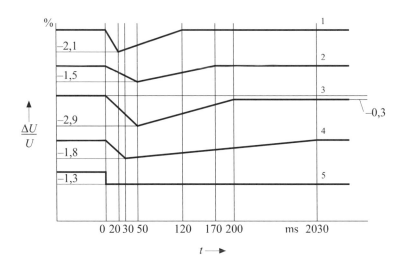

Bild 7.5a Spannungsänderungsverläufe

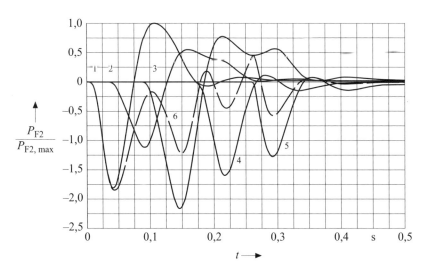

Bild 7.5b

1 $P_{F2,1}/P_{F2,\text{max}}$, $P_{\text{st,1min,1}} = 0,72$ 2 $P_{F2,2}/P_{F2,\text{max}}$, $P_{\text{st,1min,2}} = 0,48$

3 $P_{F2,3}/P_{F2,\text{max}}$, $P_{\text{st,1min,3}} = 0,88$ 4 $P_{F2,4}/P_{F2,\text{max}}$, $P_{\text{st,1min,4}} = 0,60$

5 $P_{F2,5}/P_{F2,\text{max}}$, $P_{\text{st,1min,5}} = 0,47$

6 resultierendes Signal $P_{F2,6}/P_{F2,\text{max}}$, $P_{\text{st,1min,6}} = P_{\text{st,1min,min}} = 0,83$

125

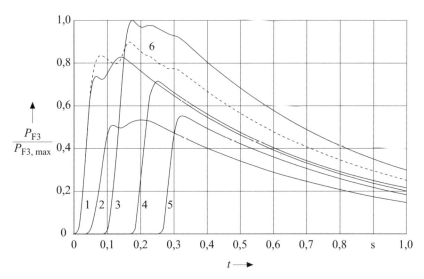

Bild 7.5c

1    $P_{F3,1}/P_{F3,\mathrm{max}}$, $P_{\mathrm{st,1min},1} = 0{,}72$ 2 $P_{F3,2}/P_{F3,\mathrm{max}}$, $P_{\mathrm{st,1min},2} = 0{,}48$

3    $P_{F3,3}/P_{F3,\mathrm{max}}$, $P_{\mathrm{st,1min},3} = 0{,}88$ 4 $P_{F3,4}/P_{F3,\mathrm{max}}$, $P_{\mathrm{st,1min},4} = 0{,}60$

5    $P_{F3,5}/P_{F3,\mathrm{max}}$, $P_{\mathrm{st,1min},5} = 0{,}47$

6   resultierendes Signal $P_{F3,6}/P_{F3,\mathrm{max}}$, $P_{\mathrm{st,1min},6} = P_{\mathrm{st,1min,min}} = 0{,}83$

Damit liegt der Einsatzplan fest. Unter Berücksichtigung dieses Einsatzplans erhält man für die resultierende Flickerstärke $P_{\mathrm{st,1min,min}} = 0{,}83$. Der resultierende Flickerwert ist kleiner als der größte Flickerwert der einzelnen Prozesse und beträgt etwa 70 % des Flickerwerts, der sich durch Verriegelung der einzelnen Prozesse ergeben würde. In Bild 7.5b und Bild 5c sind die Signale $P_{F2}(t)$ und $P_{F3}(t)$ dargestellt. Kurve 6 stellt die Zeitfunktion von $P_{F2}(t)$ dar. Man kann zeigen, dass die Flickerstärke dann klein ist, wenn die Schwankungsbreite S von $P_{F2}(t)$ klein ist.

Dieses Verfahren lässt sich auch auf mehrere Prozesse mit unterschiedlichen Wiederholraten anwenden [7.4]. Damit ist es z. B. möglich, das Lastverhalten von mehreren Schweißmaschinen in Hinblick auf die gemeinsame Flickerstörwirkung zu optimieren.

Ein besonderer Anwendungsbereich ist die Entwicklung von Pulsmustern zur elektronischen Leistungssteuerung. Die von einem Gerät aufgenommene Leistung kann durch symmetrische Selektion von Strom-Halbschwingungen eingestellt werden. Dabei wird der Strom für bestimmte Halbschwingungen gesperrt. Man spricht auch von einer getakteten Leistungssteuerung. Dabei ist zu beachten, dass durch die Halbschwingungsselektion für einen nennenswerten Zeitraum kein Gleichglied im

Netzstrom auftritt, d. h., die Summe aller positiven Halbschwingungen muss gleich der Summe der negativen Halbschwingungen sein.

Für die aufgenommene getaktete Leistung P_T bei Einphasengeräten bzw. für die getaktete Strangleistung bei Drehstromgeräten gilt:

$$P_T = p \, P_{max} \qquad (7.3)$$

p ist die relative Leistung:

$$p = \frac{\sum I_{Durch}}{\sum I_{Durch} + \sum I_{Sperr}} \qquad (7.4)$$

mit

I_{Durch} Anzahl der durchgeschalteten Strom-Halbschwingungen

I_{Sperr} Anzahl der gesperrten Strom-Halbschwingungen

Der Strom erzeugt an der wirksamen Netzimpedanz bzw. an der Bezugsimpedanz einen Spannungsfall $\Delta U(t)$. Die Spannungsschwankung ist der Verlauf des Spannungseffektivwerts, der über jeweils eine Halbschwingung der Spannung zu bilden ist. Die relative Spannungsschwankung $\Delta U(t)/U$ ist also eine Rechteckfunktion mit 10 ms Pulsdauer. Ein Gerät mit Schwingungspaketsteuerung erzeugt eine sprungförmige Spannungsschwankung; man spricht von einem Pulsmuster (**Bild 7.6**). Bereits 1974 wurde die Anwendung der Schwingungspaketsteuerung für Elektrowärmegeräte untersucht [7.5] Positive und negative Pulsmuster gleicher Höhe erzeugen die gleiche Flickerstärke. Dargestellt wird der Betrag $|\Delta U/U|$ der relativen Spannungsänderung.

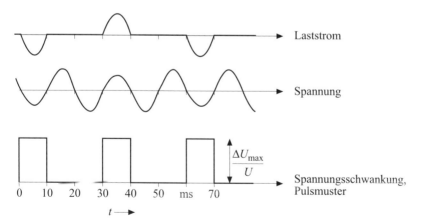

Bild 7.6 Pulsmuster $|\Delta U(t)/U|$

127

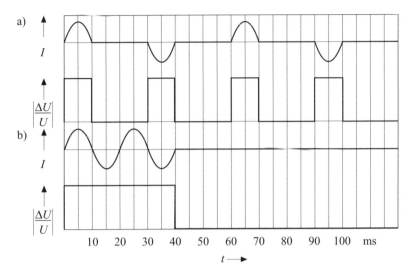

Bild 7.7a Pulsmuster

a) $P/P_{max} = 33,33\%$ $P_{st,a} = 0,41$ $\Delta U_{max}/U = 1\%$
b) $P/P_{max} = 33,33\%$ $P_{st,b} = 3,15$ $\Delta U_{max}/U = 1\%$

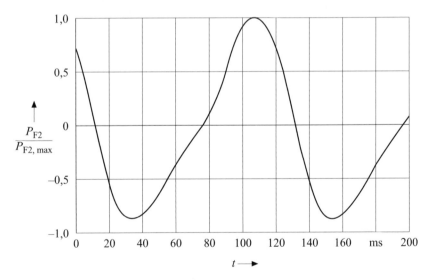

Bild 7.7b $P_{F2}/P_{F2,max}$, Pulsmuster „111100000000", $P_{st} = 3,15$
Schwankungsbreite $S = 1,86$

128

Die gleiche Leistungsstufe kann durch unterschiedliche Pulsmuster eingestellt werden. In **Bild 7.7** sind zwei Pulsmuster für die relative Leistung $p = 33,33$ % dargestellt. Der Vergleich der zugehörigen Flickerstärken $P_{st,a} = 0,41$ und $P_{st,b} = 3,15$ bei $\Delta U_{max}/U = 1$ % macht die Bedeutung der Optimierung von Pulsmustern deutlich. Bild 7.7a–b zeigen bei Skalierung auf denselben Wert die zugehörigen Zeitfunktionen von $P_{F2}(t)$. Das Verhältnis der Schwankungsbreiten von $P_{F2}(t)$ entspricht dem Verhältnis der P_{st}-Werte. Ein geschlossenes Verfahren zur Optimierung ist nicht bekannt. In der Praxis wird man mit Hilfe von Simulationsprogrammen [7.3] das bestmögliche Pulsmuster durch Ausprobieren ermitteln. Obgleich auf diese Weise das optimale Pulsmuster nicht immer gefunden werden kann, so zeigt die Praxis doch, dass mit dieser Vorgehensweise flickergünstige Pulsmuster erzeugt werden können.

In der Praxis strebt man solche Pulsmuster an, die sich nach einer Periode T_D wiederholen.

Für die zu verwendenden Pulsmuster müssen die folgenden Forderungen erfüllt sein:

- Sie dürfen kein Gleichglied[1] erzeugen.
- Sie müssen periodisch sein, Periodendauer T_D.
- Sie müssen eine vorgegebene Leistungsstufung gewährleisten.

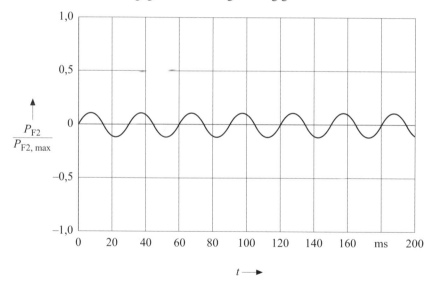

Bild 7.7c $P_{F2}/P_{F2,max}$ ($P_{F2,max}$, Bild 7.7b), Pulsmuster „100", $P_{st} = 0,41$
Schwankungsbreite $S = 0,23$

---

[1] Genaue Festlegungen sind derzeit noch in der Beratung

Aus der Forderung nach einem verschwindenden Gleichglied ergibt sich die folgende Beziehung:

$$\left(\frac{T_D}{s}\right) \cdot \left(\frac{\Delta p}{\%}\right) = 2 \qquad (7.5)$$

Daraus folgt z. B. für eine Leistungsstufung von $\Delta p = 3{,}33\ \%$ eine Periodendauer von $T_D = 0{,}6$ s. Mit $\Delta p = 3{,}33\ \%$ lassen sich insgesamt 30 Leistungsstufen realisieren.

Für $\Delta U_{max}/U = 1\ \%$ können die Pulsmuster mit konstanter maximaler relativer Spannungsänderung auch in der Form

„100100100100"

„111100000000"

geschrieben werden. Jede Ziffer repräsentiert die relative Spannungsänderung im 10-ms-Intervall. In diesem Beispiel beträgt die Wiederholungsperiode $T_D = 12 \cdot 10$ ms $= 120$ ms.

Mit Hilfe eines Simulationsprogramms [7.3] wurden die in **Tabelle 7.1** dargestellten Pulsmuster entworfen. Dabei ist zu beachten, dass negierte Pulsmuster, die durch Vertauschen von Sperr- und Durchlasszeiten entstehen, gleiche Flickerstärken

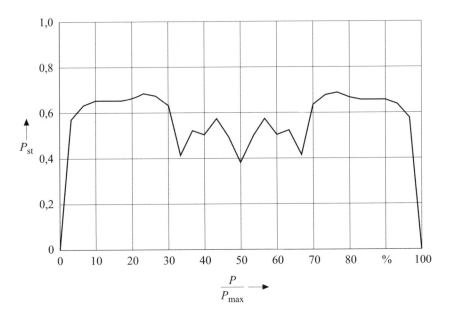

Bild 7.8 Flickerstärke in Abhängigkeit von der Leistungsstufe, Pulsmuster Tabelle 7.1

P/P_{max} %	Pulsmuster	P_{st}
3,33	100001000000000000000000000000000000000000000000000000000000	0,57
6,67	100100100100000000000000000000000000000000000000000000000000	0,63
10,00	100100100100100100000000000000000000000000000000000000000000	0,65
13,33	100100100100100100100100000000000000000000000000000000000000	0,65
16,67	100100100100100100100100100100000000000000000000000000000000	0,65
20,00	100100100100100100100100100100100100000000000000000000000000	0,66
23,33	100100100100100100100100100100100100100100000000000000000000	0,68
26,67	100010001000100100010001000100010001000100010001000100001000100	0,67
30,00	100100100010010001001000100100100100010010001001000100100100	0,63
33,33	100100100100100100100100100100100100100100100100100100100100	0,41
36,67	100100100100101001010010100101001001001001001001001010010010010	0,52
40,00	101001010010100101001010010100101001010010100101001010010100	0,50
43,33	101010100101010100101001010010100101010010100101010100101010	0,57
46,67	101010101010010101010101010100101010101010100101010101010100	0,49
50,00	101010101010101010101010101011010101010101010101010101010100	0,38
50,00	010101010101010101010101010100101010101010101010101010101011	0,38
53,33	010101010101011010101010101011010101010101011010101010101011	0,49
56,67	010101011010101011010110101101011010101101011010101011010101	0,57
60,00	010110101101011010110101101011010110101101011010110101101011	0,50
63,33	011011011011010110101101011010110110110110110101101101101101	0,52
66,67	011011011011011011011011011011011011011011011011011011011011	0,41
70,00	011011011101101110110111011011011011101101110110111011011011	0,63
73,33	011101110111011011101110111011011101110111011101110110111011	0,67
76,67	011011011011011011011011011011011011011111111111111111111111	0,68
80,00	011011011011011011011011011011011011111111111111111111111111	0,66
83,33	011011011011011011011011011111111111111111111111111111111111	0,65
86,67	011011011011011011011111111111111111111111111111111111111111	0,65
90,00	011011011011011011111111111111111111111111111111111111111111	0,65
93,33	011011011011111111111111111111111111111111111111111111111111	0,63
96,67	011110111111111111111111111111111111111111111111111111111111	0,57

Tabelle 7.1 Pulsmuster, $\Delta p = 3{,}33$ %, $T_D = 600$ ms

131

erzeugen. In der Praxis wird man daher für den Leistungsbereich $p = (50 + n\,\Delta p)/\%$ die zu $p = (50 - n\,\Delta p)/\%$ negierten Pulsmuster verwenden. Es ist jedoch zu beachten, dass ein Pulsmuster, das aus der Kombination von flickergünstigen Pulsmustern besteht, nicht notwendigerweise auch zu einem flickergünstigen Pulsmuster führt. Der häufige Wechsel von Pulsmustern kann zu erheblichen Flickerwerten führen.

Mit den angegebenen Pulsmustern ist eine Leistungssteuerung möglich, die, bezogen auf $\Delta U_{max}/U = 1\ \%$, über den gesamten Leistungsbereich P_{st}-Werte $< 1{,}00$ liefert, **Bild 7.8**.

Besondere Bedeutung kommt der (1/3)- bzw. (2/3)-Regelung mit den Pulsmustern „100" bzw. „011" zu. **Bild 7.9** zeigt den Formfaktor in Abhängigkeit von der relativen Einschaltdauer ED. Sie wird in vielen Anwendungen wegen der geringen Störaussendung als Grundmuster eingesetzt, z. B. „1001000000".

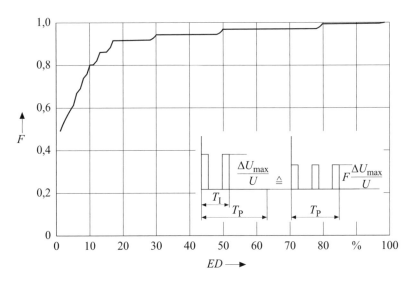

Bild 7.9 Formfaktor in Abhängigkeit von der relativen Einschaltdauer $ED = T_I/T_P$, Pulsmuster „100"

In einigen Anwendungen können sich durch die wechselweise Reihen- und Parallelschaltung einzelner Lasten (z. B. Heizwiderstände) Lastströme mit unterschiedlichen Amplituden in den einzelnen Strom-Halbschwingungen ergeben. Ein einfaches Beispiel zeigt **Bild 7.10**.

Geht man von den Ergebnissen der Tabelle 7.1 für eine einzelne gepulste Last aus, dann findet man mit $P_{st,min} = 0{,}41$ und $P_{st,max} = 0{,}68$ die folgenden Wirkleistungen als Anhaltswerte (Grenzkriterium $P_{st} = 1$):

132

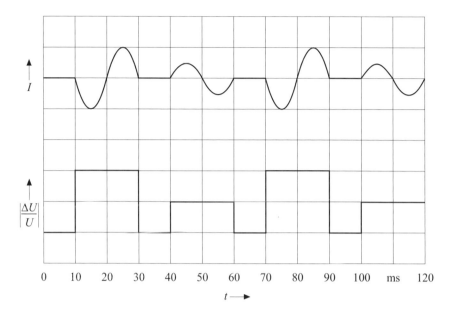

Bild 7.10 Pulsmuster

- Anschluss einphasig L_{LO}

  $\Delta P_{min} = 2$ kW   nach Optimierung, beliebige Leistungsstufen möglich

  $\Delta P_{max} = 3$ kW   auch nach Optimierung nicht alle Leistungsstufen möglich

- Anschluss einphasig L_{LL}

  $\Delta P_{min} = 5$ kW   nach Optimierung, beliebige Leistungsstufen möglich

  $\Delta P_{max} = 7{,}5$ kW auch nach Optimierung nicht alle Leistungsstufen möglich

- Anschluss dreiphasig

  $\Delta P_{min} = 10$ kW nach Optimierung, beliebige Leistungsstufen möglich

  $\Delta P_{max} = 15$ kW   auch nach Optimierung nicht alle Leistungsstufen möglich

Für Geräte mit einer ununterbrochenen Benutzungsdauer von mehr als 30 min ist das P_{lt}-Kriterium anzuwenden. In diesem Falle sind die oben angegebenen Wirkleistungen mit 0,65 zu multiplizieren.

Es zeigt sich, dass für $\Delta P > \Delta P_{min}$ nicht alle Leistungsbereiche realisierbar sind. In der Praxis wird man versuchen, durch Lastaufteilung (**Bild 7.11**)

$$P_{ges} = P_{Grund} + \Delta P$$

günstigere Pulsmuster zu erzielen. Getaktet wird nur ΔP.

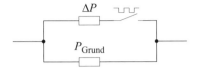

Bild 7.11 Aufteilung einer Gesamtlast in Grund- und Wechsellast

Bei anderen Wiederholungsperioden T_D ergeben sich andere P_{st}-Werte in den einzelnen Leistungsstufen. Damit errechnet man auch andere Werte für ΔP_{min} und ΔP_{max}.

Dennoch können die gegebenen Werte als Richtwerte betrachtet werden.

Literatur

[7.1]   *Mombauer, W.:*
        Flickerminimierung durch rechnergestützte Steuerung flickererzeugender
        Einrichtungen
        etzArchiv 11(1989) H. 2, S. 5

[7.2]   *Mombauer, W.:*
        Flicker – Grundlagen, Simulation, Minimierung
        Forschungsgemeinschaft für Hochspannungs- und Hochstromtechnik e. V.
        Technischer Bericht 1-266, Mannheim 1988

[7.3]   *Mombauer, W.:*
        EMV
        Messung von Spannungsschwankungen und Flickern mit dem
        IEC-Flickermeter
        Theorie, Normung nach VDE 0847-4-15 (EN 61000-4-15) – Simulation mit
        Turbo-Pascal
        VDE-Schriftenreihe Band 109, VDE VERLAG, Berlin und Offenbach, 2000

[7.4]   *Mombauer, W.:*
        VDE-Schriftenreihe Band 110
        Flicker in Stromversorgungsnetzen
        Messung, Berechnung, Kompensation
        Erläuterungen zu den Europäischen Normen und VDEW-Richtlinien
        sowie DIN EN 50160:2000-03
        1. Aufl. 2005, VDE VERLAG, Berlin und Offenbach

[7.5]   *Brian, R.; Downing, B. Sc.:*
        Triac Control of an Electrode Water Heater
        Thesis, University of Nottingham, October 1974

8 Die Regelungen der DIN EN 61000-3-3 (VDE 0838-3):2002-05

8.1 Anwendungsbereich

Die Norm ist anzuwenden auf Geräte und Einrichtungen mit einem Nenn-Eingangsstrom bis zu 16 A je Außenleiter, die zum Anschluss an das öffentliche Niederspannungsnetz vorgesehen sind und keiner Sonderanschlussbedingung unterliegen. Geräte und Einrichtungen, die diese Norm erfüllen, dürfen ohne weitere Prüfung an jeden Anschlusspunkt des öffentlichen Netzes angeschlossen werden.

Diese Norm gilt damit ohne Einschränkung für alle Geräte und Einrichtungen mit Nennleistungen kleiner 11 kW (Drehstromgeräte), 3,7 kW (Einphasengeräte), 6,4 kW (Zweiphasengeräte).

Diese Norm ist u. a. anzuwenden auf:

• Haushaltsgeräte und tragbare Elektrowerkzeuge,
  dazu zählen motorbetriebene Geräte, wie z. B. Staubsauger, Waschmaschinen, usw. sowie Elektrowärmegeräte und Kocheinrichtungen

• Beleuchtungseinrichtungen

• Fernsehgeräte und Geräte der Unterhaltungselektronik

• Informationstechnische Geräte

• ISM-Geräte,
  Geräte, die Frequenzen im Bereich von 9 kHz bis 3 THz nutzen – z. B. Mikrowellengeräte

• automatische elektrische Steuerungen für den Hausgebrauch und ähnliche Anwendungen

• fest installierte elektronische Schaltgeräte (Hausgebrauch)

• Alarmsysteme

• Unterbrechungsfreie Stromversorgungen (USV)

• Lichtbogenschweißeinrichtungen

• drehzahlgeregelte Antriebe

• Funk-Einrichtungen

• Medizintechnische Geräte und Einrichtungen

Diese Norm ist seit Mai 2004 (dow: 2004-05-01) ohne Einschränkungen anzuwenden.

135

Eine elektrische Einrichtung besteht aus einem oder mehreren voneinander unabhängigen Geräten. Diese einzelnen Geräte bilden dann eine elektrische Einrichtung, wenn nur durch deren Zusammenwirken der bestimmungsgemäße Zweck der Einrichtung erzielt werden kann.

Beispiele:

• elektrische Einrichtung
  – Treppenlichtautomat und Glühlampen
    Ein Treppenlichtautomat ohne Lampen erfüllt keinen technischen Zweck.
  – motorischer Antrieb
    Ein Motor ohne mechanische Last erfüllt keinen technischen Nutzen,
• elektrisches Gerät
  Backofen und jede einzelne Kochmulde eines Multifunktions-Herds.

8.2   Begriffe und Definitionen

Die DIN EN 61000-3-3 (VDE 0838-3):2002-05 [8.1] schreibt eine Prüfung der zu beurteilenden Geräte an einer Prüfimpedanz vor, die der Bezugsimpedanz Z_{ref} entspricht. Die Bezugsimpedanz ist die Impedanz eines Ersatznetzes (**Bild 8.1**). Eine Unterscheidung in Haushaltsgeräte und gewerblich genutzte Geräte findet im Anwendungsbereich der Norm nicht statt. Stattdessen wird die Langzeit-Flickerstärke eingeführt und auf 65 % der Kurzzeit-Flickerstärke begrenzt. Die Höhe der Quellenspannungen U_{L10}, U_{L20}, U_{L30} entspricht der Nennspannung.

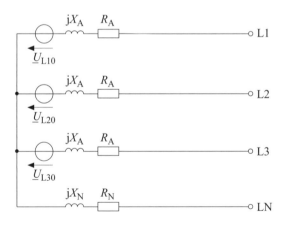

Bild 8.1 Bezugsnetz, Bezugsimpedanz nach IEC 60725:2005
$R_A = 0,24\ \Omega$ $X_A = 0,15\ \Omega$
$R_N = 0,16\ \Omega$ $X_N = 0,10\ \Omega$

Alle Spannungen werden auf die Nennspannung U_n normiert.

- relative Spannungsänderung

$$d = \frac{\Delta U}{U_n} \qquad (8.1)$$

- relativer Spannungsänderungsverlauf

$$d(t) = \frac{\Delta U(t)}{U_n} \qquad (8.2)$$

- relative konstante Spannungsabweichung

$$d_c = \frac{\Delta U_c}{U_n} \qquad (8.3)$$

- größte relative Spannungsänderung

$$d_{max} = \frac{\Delta U_{max}}{U_n} \qquad (8.4)$$

- relative Spannungsschwankung

$$d(t) = \frac{\Delta U(t)}{U_n} \qquad (8.5)$$

8.3 Typprüfung von Geräten und Einrichtungen

Die Norm schreibt eine Typprüfung für bestimmte Geräte vor. Typprüfung ist die Prüfung von Geräten mit dem Ziel, die Übereinstimmung mit den Grenzwerten festzustellen. Diese werden unter Laborbedingungen an einem Bezugsnetz betrieben. Gemessen und beurteilt werden die bei festgelegten Betriebsbedingungen an der Bezugsimpedanz erzeugten Spannungsschwankungen.

Die Erfahrung zeigt, dass Geräte, die die Grenzwerte nach DIN EN 61000-3-3 (VDE 0838-3):2002-05 einhalten, zu keinerlei Beschwerden im Netz Anlass geben, d. h., die elektromagnetische Verträglichkeit ist gewährleistet.

Geräte und Einrichtungen, die unter den Anwendungsbereich der Norm fallen und die geforderten Grenzwerte nicht einhalten, dürfen nochmals geprüft werden, um die Übereinstimmung mit DIN EN 61000-3-11 (VDE 0838-11):2001-04 festzustellen.

8.3.1 Prüfkreis und Messmittel

Der Prüfkreis (**Bild 8.2**) besteht aus
- der Prüfspannungquelle
- dem zu prüfenden Gerät (Prüfling)
- der Messeinrichtung, z. B. Strommesser, Spannungsmesser, Flickermeter

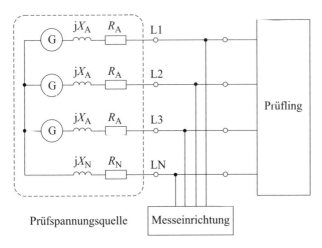

Prüfspannungsquelle   Messeinrichtung

Bild 8.2 Prüfkreis

Der Prüfling wird je nach der Anschlussart einphasig, zweiphasig oder dreiphasig angeschlossen. Beurteilt wird immer die Außenleiter-Neutralleiter-Spannung.

8.3.1.1 Prüfspannungsquelle

Die Prüfspannungsquelle ist eine dreiphasige Spannungsquelle mit einer vereinbarten Innenimpedanz. Die Innenimpedanz ist gleich der Bezugsimpedanz. In der Praxis besteht die Prüfspannungsquelle aus einer Spannungsquelle und einer entsprechenden Reihenimpedanz.

8.3.1.1.1 Prüfspannung

Die Prüfspannung kann entweder durch Verstärkung einer mit einem Signalgenerator erzeugten Sinusspannung erzeugt werden oder sie wird dem öffentlichen Netz entnommen. Im ersten Falle besteht die Möglichkeit, eine verzerrungsfreie, zeitlich konstante Spannungsquelle mit bekannter Innenimpedanz, u. U. mit $Z_i \rightarrow 0$, zu erzeugen, die allerdings aufgrund der Leistungsklasse des verwendeten Verstärkers nur mit einem maximalen Strom in der Regel kleiner als 16 A je Außenleiter belastbar ist. Eine Prüfung am Netz ist bei einem vorhandenen Anschlusspunkt mit oberschwingungs- und flickerfreier Spannung eine Alternative. Eine Leistungsbegrenzung besteht nicht, allerdings dürfte die Innenimpedanz der Spannungsquelle weder zeitlich konstant noch bekannt sein. Die Höhe der Prüfspannung ist nicht einstellbar.

In diesem Falle ist eine gesonderte Vorgehensweise erforderlich (siehe unten). In Ausnahmefällen steht ein eigener Mittel-/Niederspannungs-Transformator für den Prüfaufbau zur Verfügung. In diesem Falle kann die Innenimpedanz der Spannungsquelle ausgemessen werden. Die Höhe der Prüfspannung kann durch Stufung des Transformators in gewissem Maße eingestellt werden.

Folgende Anforderungen sind genormt:

- Die Leerlaufspannung des Prüfkreises ist gleich der Nennspannung des zu prüfenden Geräts. Für Geräte, die für einen Spannungsbereich ausgelegt sind, beträgt die Prüfspannung 230 V einphasig bzw. 400 V dreiphasig.
- Die Prüfspannung ist auf ± 2 % ihres Nennwerts zu halten.
- Die Frequenz beträgt 50 Hz ± 0,5 %.
- Der prozentuale Oberschwingungsgehalt der Prüfspannung darf 3 % nicht überschreiten.
  Bei nicht sinusförmigem Spannungsänderungsverlauf und oberschwingungshaltiger Prüfspannung treten u. U. zusätzliche flickerwirksame Zwischenharmonische auf, die zu einer Erhöhung der Flickerstärke führen können.
- Spannungsschwankungen der Prüfspannung während der Prüfung brauchen nicht berücksichtigt zu werden, wenn deren P_{st}-Wert kleiner als 0,4 (normativ) ist. Dies ist vor und nach der Prüfung zu kontrollieren.

Bezogen auf die Flickerstärke $P_{st} = 1{,}0$ erhält man bei einer flickerhaltigen Prüfspannung mit $P_{st,Quelle} = 0{,}4$ eine resultierende Flickerstärke von $P_{st,res} = 1{,}016$ (bei $\alpha_{10} = 3$) bzw. $P_{st,res} = 1{,}077$ (bei $\alpha_{10} = 2$). Weist die Prüfspannung eine Flickerstärke $P_{st,Quelle} \geq 0{,}4$ auf, dann sind die Messwerte $P_{st,Prüfling}$ zu korrigieren:

$$P_{st,korr} = \left(P_{st,Prüfling}^{3,2} - P_{st,Quelle}^{3,2} \right)^{1/3,2} \tag{8.6}$$

Der Exponent 3.2 liefert eine Korrektur auf der sicheren Seite. Die Flickerstärke der Prüfspannung ist dann gleichzeitig mit der Flickerstärke an den Klemmen des Prüflings zu ermitteln.

8.3.1.1.2 Innenimpedanz

Die Innenimpedanz der Prüfspannungsquelle besteht aus der Innenimpedanz der realen Spannungsquelle und einer zusätzlichen Reihenimpedanz. Die Gesamtimpedanz muss gleich der Bezugsimpedanz sein. Die Stabilität und Genauigkeit der Bezugsimpedanz muss so bemessen sein, dass für die Ermittlung des d-Werts eine Gesamtgenauigkeit von ± 8 %, bezogen auf d_{max}, oder besser erreicht wird.

8.3.1.2 Bezugsimpedanz

Für ein zu prüfendes Gerät ist die Bezugsimpedanz Z_{ref} eine vereinbarte Impedanz (Bild 8.1), an der die Berechnung und/oder Messung der relativen Spannungsänderung d, des P_{st}-Werts und des P_{lt}-Werts durchgeführt werden.

$R_A = 0{,}24\ \Omega$ $\qquad$ $X_A = 0{,}15\ \Omega$

$R_N = 0{,}16\ \Omega$ $\qquad$ $X_N = 0{,}10\ \Omega$

8.3.2 Beobachtungszeit

Die Beobachtungszeit[1] für die Ermittlung der Flickerstärke durch Messung, Simulation oder durch ein analytisches Verfahren beträgt

- im Kurzzeitintervall T_P = 10 min (in einigen Fällen auch T_P = 1 min)
- im Langzeitintervall T_P = 2 h

Die Beobachtungszeit muss den Teil der gesamten Betriebsdauer enthalten, in welcher der Prüfling die ungünstigste Folge von Spannungsänderungen erzeugt.

Für die Ermittlung des P_{st}-Werts ist die Betriebsperiode kontinuierlich zu wiederholen. Geräte mit automatischer Abschaltung am Ende der Betriebsperiode, die kleiner als die Beobachtungszeit ist, müssen schnellstmöglich wieder in Betrieb gesetzt werden. Die dazu erforderliche Zeit ist in die Beobachtungsdauer einzubeziehen.

Bei der Ermittlung des P_{lt}-Werts für Geräte mit einer Betriebsperiode kleiner als 2 h, die üblicherweise nicht kontinuierlich betrieben werden, ist die Betriebsperiode nicht zu wiederholen.

Für ein Gerät mit einer Betriebsperiode von beispielsweise 47 min werden dann fünf $P_{st,i}$-Werte durch Messung ermittelt; die restlichen sieben $P_{st,i}$-Werte werden zu null angenommen.

Beispiel:

gemessene Werte:

$P_{st,i}$ = 0,83 / 0,77 / 0,81 / 0,85 / 0,82

Langszeitflickerstärke:

$$P_{lt} = \sqrt[3]{\frac{1}{12}\sum_{1}^{5} P_{st,i}^3} = \sqrt[3]{\frac{1}{12}\left(0,83^3 + 0,77^3 + 0,81^3 + 0,85^3 + 0,82^3\right)} = 0,61$$

Die Ermittlung des P_{lt}-Werts ist für alle Geräte mit einer üblichen, ununterbrochenen Benutzungsdauer von mehr als 30 min erforderlich.

Für bestimmte Geräte sind Abweichungen von den vorstehenden allgemeinen Regeln möglich. Die Geräte sind im Anhang A der Norm DIN EN 61000-3-3 (VDE 0838-3):2002-05 angegeben.

8.3.3 Grenzwerte

Folgende Grenzwerte sind einzuhalten:

- der P_{st}-Wert darf nicht größer als 1,0 sein
- der P_{lt}-Wert darf nicht größer als 0,65 sein

---

[1] In anderen Normen wird von der Beobachtungsdauer gesprochen.

140

Für manuell geschaltete Geräte und Einrichtungen sind die Grenzwerte für P_{st} und P_{lt} nicht anzuwenden.

- Die relative konstante Spannungsabweichung d_c darf 3,3 % nicht überschreiten.
- Der Wert von $d(t)$ während einer Spannungsänderung darf 3,3 % für mehr als 500 ms nicht überschreiten.

Für die maximale relative Spannungsänderung d_{max} gelten folgende Festlegungen:

a) 4 % ohne zusätzliche Bedingungen		
b) 6 % für Geräte und Einrichtungen		
Manuell geschaltet	Automatisch geschaltet – Schalthäufigkeit > zweimal pro Tag	
	Wiedereinschaltverzögerung nach Spannungsunterbrechung (Die Verzögerungszeit darf nicht kleiner als einige 10 s sein.)	Manuelles Wiedereinschalten nach Spannungsunterbrechung
c) 7 % für Geräte und Einrichtungen		

während des Betriebs beaufsichtigt	Schalthäufigkeit ≤ zweimal pro Tag		
Beispiele: Haartrockner, Staubsauger, Küchengeräte (z. B. Mixer), Gartengeräte (z. B. Rasenmäher), tragbare Elektrowerkzeuge (z. B. Bohrmaschine)	Manuell geschaltet	Automatisch geschaltet	
		Wiedereinschaltverzögerung nach Spannungsunterbrechung (Die Verzögerungszeit darf nicht kleiner als einige 10 s sein.)	Manuelles Wiedereinschalten nach Spannungsunterbrechung

Die Grenzwerte sind nicht bei Notabschaltungen oder Notunterbrechungen anzuwenden.

Unter manuellem Schalten wird ein durch Handbetätigung ausgelöster Schaltvorgang verstanden. Dies ist in der Regel das Ein- und Ausschalten eines Geräts oder die Änderung eines Betriebszustands durch Schalterbetätigung.

Die d-Grenzwerte, im Wesentlichen für d_{max}, wurden gegenüber der Vorgängernorm geändert und erweitert. Durch die Änderung des Anwendungsbereichs werden mit der aktuellen Norm alle Niederspannungsgeräte erfasst, auch solche, die für das Kleingewerbe vorgesehen sind. Dadurch werden bestimmte Gerätegruppen erstmalig in den Anwendungsbereich der Norm einbezogen. Es zeigte sich jedoch, dass einige Geräte die Anforderungen für d_{max} (5,33 %) der Vorgängernorm DIN EN 61000-3-3 (VDE 0838-3):1996-03 nicht einhalten hätten können. Dies hätte dazu geführt, dass einige Geräte nicht mehr allgemein angeschlossen und betrieben werden dürften, obwohl diese Geräte seit Jahren im Einsatz waren und zu keinerlei

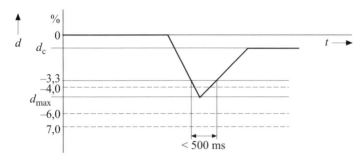

Bild 8.3 Grenzwerte für d_c, d_{max} und $d(t)$ (innerhalb eines Spannungsänderungsverlaufs). In diesem Bespiel ist $d_{max} > 4$ % (Fall b oder c).

Beanstandungen geführt haben. Problematisch ist insbesondere das Einschalten der Geräte. Während des Einschaltens fließt ein Inrush-Strom, der durch die vorgeschalteten Sicherungen nur unzureichend begrenzt wird und an der Bezugsimpedanz zu maximalen Spannungsänderungen in der Größenordnung von etwa 12 % führen würde. Es ist daher notwendig, d_{max} und damit insbesondere die Höhe der Inrush-Ströme zu begrenzen. Es muss in jedem Falle vermieden werden, dass nach dem Abschalten von mehreren Geräten infolge Spannungsunterbrechung alle Geräte gleichzeitig nach der Rückkehr der Spannung wieder zuschalten. Deswegen ist in der Norm eine Wiedereinschaltverzögerung vorgesehen. Für manuell geschaltete Geräte, die sich nicht automatisch wieder zuschalten, ist eine zusätzliche Wiedereinschaltverzögerung nicht erforderlich. Die Wahrscheinlichkeit, dass ein Gerät zum Summen-Inrush-Strom beiträgt, ist auch von der üblichen Benutzungsdauer des Geräts abhängig. Deswegen ist in Tabelle 8.1 auch eine Unterscheidung nach der Schalthäufigkeit pro Tag gegeben. Die Schalthäufigkeit pro Tag ist geräteabhängig und wird vom Hersteller angegeben.

Bei der Bewertung der Flickergrenzwerte ist Folgendes zu beachten: Ein Gerät, das eine Flickerstärke von $P_{st} = 1{,}0$ hervorruft, erzeugt störende Leuchtdichteänderungen. Dies kann nur kurzzeitig hingenommen werden. Die Langzeit-Flickerstärke P_{lt} ist deshalb auf Werte unterhalb der Wahrnehmbarkeitsschwelle von $P_{st} \approx 0{,}7$ zu begrenzen.

Es kommt noch hinzu, dass Niederspannungsnetze üblicherweise als Strahlen- oder Ringnetze ausgeführt sind. Betrachtet man vereinfachend die Netzsituation in **Bild 8.4**, dann erkennt man, dass von der Transformatorsammelschiene mehrere Abzweige A, B, C abgehen; an den einzelnen Abzweigen sind wenige Verbraucher VA1, VA2 über Niederspannungskabel angeschlossen. Die schwankenden Lastströme der Verbraucher VA1, VA2 überlagern sich in A1 und rufen den gemeinsamen Flickerpegel $P_{st,A1}$ hervor. Da die Kurzschlussleistung in Richtung zum Transformator zunimmt bzw. die wirksame Impedanz von $Z_{A1} = Z_{SS} + Z_L$ auf $Z_A = Z_{SS}$ abnimmt, verringert sich die Flickerstärke von $P_{st,A1}$ an A1 auf $P_{st,A} = P_{st,A1} Z_{SS}/(Z_{SS} + Z_L)$.

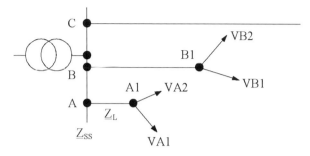

Bild 8.4 Verteilung der Flickerpegel im Strahlennetz

Der von VA1, VA2 hervorgerufene Flickerpegel an A ist auch an den Abgängen B, C und allen unterlagerten Anschlusspunkten vorhanden.

- In einem Abzweig greift die Flickerstärke auf alle unterlagerten Anschluss-punkte ohne Reduktion durch.

- In einem Strahlennetz werden die Flickerpegel von einem Abzweig auf einen anderen übertragen. Der übertragene Flickerpegel ist entsprechend dem wirksamen Impedanzverhältnis reduziert.

- Reihenimpedanzen wirken auf die Flickerpegel entkoppelnd[1].

Diese Überlegungen zeigen, dass das beeinflusste Gebiet eines 16-A-Geräts in der Regel relativ klein ist. Die gegenseitige Beeinflussung zwischen verschiedenen Abzweigen ist gering. Aus diesem Grund und wegen der i. A. geringen relativen Einschaltdauer (keine Summationsgesetze) ist der Grenzwert für die zulässige Störaussendung $P_{st} = 1$ überhaupt akzeptabel. Es kann andererseits aber nicht ausgeschlossen werden, dass es in einigen wenigen Fällen zu Störungen des Betriebsverhaltens anderer Geräte kommt.

Unter Benutzungsdauer wird der Zeitraum zwischen der manuellen Ein- und Ausschaltung eines Geräts verstanden. Die Einhaltung der zulässigen Werte für die Langzeit-Flickerstärke ist für Geräte mit einer Benutzungsdauer von mehr als 30 min die schärfste Forderung. Der Grenzwert von $P_{lt} = 0{,}65$ für $N = 12$ Kurzzeit-

---

[1] Eine eingehende Betrachtung über die Verteilung von Flicker im Netz findet man in:
W. Mombauer
VDE-Schriftenreihe Normen verständlich, **Band 110**
Flicker in Stromversorgungsnetzen
Messung, Berechnung, Kompensation
Erläuterungen zu den Europäischen Normen und VDEW-Richtlinien
sowie DIN EN 50160:2000-03
1. Auflage 2005
VDE VERLAG, Berlin und Offenbach

intervalle wird erreicht, wenn für die einzelnen Kurzzeitintervalle z. B. folgende $P_{st,i}$-Werte ermittelt werden:

$P_{st,i}$ 1,0/1,0/1,0/0/0/0/0/0/0/0/0/0/ $\rightarrow P_{lt} = 0,65$

$P_{st,i}$ 0,82/0,82/0,82/0,82/0,82/0,82/0/0/0/0/0/0/ $\rightarrow P_{lt} = 0,65$

$P_{st,i}$ 0,75/0,75/0,75/0,75/0,75/0,55/0,55/0,55/0,55/0,55/

0,55/0,55/ $\rightarrow P_{lt} = 0,65$

Die relative konstante Spannungsabweichung d_c ist aus Spannungshaltungsgründen im Netz auf 3,3 % begrenzt. Dies entspricht dem Spannungsfall eines 16-A-Geräts an der Bezugsimpedanz. Dieser Wert darf nur dann kurzzeitig überschritten werden, wenn keine unzulässig hohe Flickerstörwirkung zu erwarten ist. Drehstrommotoren mit Nennströmen ≤ 16 A halten diese Bedingung in der Regel ein.

Hinsichtlich des d_{max}-Kriteriums kann davon ausgegangen werden, dass Einphasen-Wechselstrommotoren mit Nennleistungen ≤ 1 kW und Drehstrommotoren mit Nennleistungen ≤ 5 kW die Grenzwerte in der Regel einhalten.

8.4 Ermittlung des Spannungsänderungsverlaufs durch Messen

Ermittelt wird der Zeitverlauf der Halbschwingungs-Effektivwerte der Spannung $\Delta U(t)$ am Anschlusspunkt des Prüflings. ΔU ist die Differenz von zwei beliebigen, aufeinander folgenden Werten der Außenleiter-Neutralleiter-Spannung:

$$\Delta U = U(t_1) - U(t_2) \qquad (8.7)$$

Durch Bezugnahme von ΔU auf die Nennspannung erhält man die relative Spannungsänderung

$$d = \frac{\Delta U}{U_n} \qquad (8.8)$$

Die Spannungseffektivwerte werden durch direkte Messung des Spannungseffektivwerts (Halbschwingungseffektivwert) oder indirekt durch Strommessung ermittelt. Dazu können unterschiedliche Messverfahren und Messmittel verwendet werden.

Das Flickermeter liefert am Ausgang 1 (optional) den Zeitverlauf der Halbschwingungseffektivwerte.

Zur Aufnahme des Zeitverlaufs kann ein Transientenrekorder verwendet werden.

Die Spannungsänderung ΔU wird durch die Änderung des Spannungsfalls an der komplexen Bezugsimpedanz $\underline{Z}_{ref}$ infolge der Änderung des komplexen Laststroms $\Delta \underline{I}$ verursacht.

$$\Delta \underline{I} = I_\mathrm{w} - jI_\mathrm{b}$$

$$= \underline{I}(t_1) - \underline{I}(t_2) \tag{8.9}$$

Für einphasige und symmetrische Dreiphasen-Geräte gilt näherungsweise:

$$\Delta U = \left| \Delta I_\mathrm{w} R + \Delta I_\mathrm{b} X \right| \tag{8.10}$$

Mit

$\Delta I_\mathrm{w}, \Delta I_\mathrm{b}$ Wirk- und Blindanteile der Stromänderung ΔI

R, X wirksame Wirk- und Blindanteile der komplexen Bezugsimpedanz

Der relative Spannungsänderungsverlauf $d(t)$ bildet die Grundlage für die Ermittlung der zu prüfenden Kennwerte d_max und d_c sowie

$$\Delta U_\mathrm{max} = U(t_1) - U(t_2) \tag{8.11}$$

Darin bedeuten:

$U(t_1)$ Spannungseffektivwert der Halbschwingung unmittelbar vor Beginn des Spannungsänderungsverlaufs

$U(t_2)$ kleinster Effektivwert innerhalb des betreffenden Spannungsänderungsverlaufs

Für ΔU_c gilt:

$$\Delta U_\mathrm{c} = U(t_1) - U(t_2) \tag{8.12}$$

$U(t_1)$, $U(t_2)$ sind zwei konstante Spannungen, zwischen denen ein Spannungsänderungsverlauf liegt.

Eine Definition „konstante Spannung" ist in der Norm nicht vorhanden. Als konstant wird eine Spannung dann angesehen, wenn der Effektivwertverlauf innerhalb eines spezifizierten Toleranzbands verläuft. Wenn die Werte für d_c und d_max automatisch von einem Messgerät ausgewiesen werden, dann muss der Beurteilsalgorithmus selbstständig entscheiden, wann ein Spannungsänderungsverlauf beginnt und wann er endet. Dies hängt wesentlich von der Breite des gewählten Toleranzbands ab. Es kann vorkommen, dass das Messgerät eines Herstellers eine gegebene Spannungsschwankung in zwei Spannungsänderungverläufe zerlegt und damit zwei Werte $d_\mathrm{max,1}$, $d_\mathrm{max,2}$ und $d_\mathrm{c,1}$, $d_\mathrm{c,2}$ ermittelt, wohingegen ein anderer Hersteller nur einen Spannungsänderungsverlauf selektiert und damit nur einen d_max- und d_c-Wert ermittelt. Es gilt $d_\mathrm{max} > \mathrm{Max}\{d_\mathrm{max,1}; d_\mathrm{max,2}\}$ und $d_\mathrm{c} > \mathrm{Max}\{d_\mathrm{c,1}; d_\mathrm{c,2}\}$.

Bild 8.5 klärt diese Zusammenhänge am Beispiel der maximalen Spannungsänderung. Bei einem breiten Toleranzband (gestrichelt) verläuft die Spannungsschwankung $d(t)$ im Teilabschnitt B innerhalb des Toleranzbands. Die Zeitfunktion

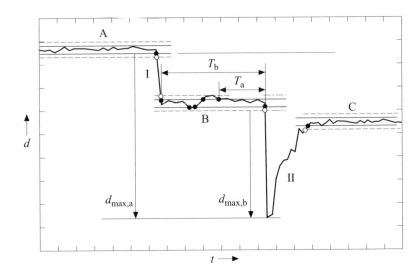

Bild 8.5 Probleme bei der Bestimmung von d_{max}

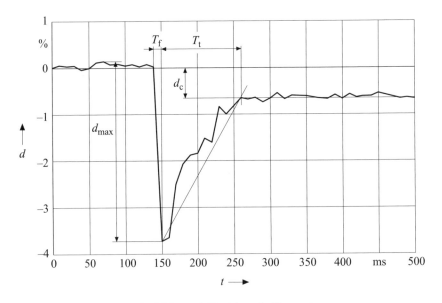

Bild 8.6 Einmaliger Motoranlauf (Messung), Ermittlung der Kennwerte

wird dann im Abschnitt B als „konstant" angenommen. Wenn das Zeitintervall $T_b > 1$ s ist, dann sind die beiden Spannungsänderungsverläufe I und II getrennt; ermittelt wird $d_{max,b} = \text{Max}\{d_{max,I}; d_{max,II}\}$. Bei einem schmalen Toleranzband verlässt $d(t)$ im Teilabschnitt B mehrmals das Toleranzband. Wenn dann kein „konstanter" Spannungsverlauf mit $T_a > 1$ s gefunden wird, dann werden die einzelnen Spannungsänderungen I und II zu einem einzigen Spannungsänderungsverlauf zusammengefasst; es wird $d_{max,a}$ ermittelt. Andererseits beeinflusst die Wahl des Toleranzbands auch die zu ermittelnden Zeitkennwerte. In den zuständigen Arbeitskreisen der DKE werden derzeit normative Festlegungen erörtert. Die Norm schreibt beispielsweise für die Prüfung von Waschmaschinen vor, dass das gleichzeitige Schalten von Heizung und Motor bei der Ermittlung von d_{max} unberücksichtigt bleibt. Gleichzeitiges Schalten bedeutet auch hier innerhalb eines Zeitintervalls von $T < 1$ s.

Bild 8.6 zeigt einen gemessenen Spannungsänderungsverlauf mit den eingetragenen Kennwerten. Die Eintragung der Größen d_c, d_{max}, T_f, T_t ist in gewissen Grenzen willkürlich, da insbesondere bei komplexen Spannungsänderungsverläufen der Beginn und das Ende eines Spannungsänderungsverlaufs nicht eindeutig bestimmt werden können.

In Zweifelsfällen wird empfohlen, die Kennwerte aus der Differenz der Spannung der Prüfspannungsquelle und der Spannung an den Anschlussklemmen des Prüflings zu bestimmen. Dies ist dann erforderlich, wenn die Prüfspannung schwankt.

8.5 Ermittlung der d-Werte bei manuellem Schalten

Geräte und Einrichtungen, die manuell ein- oder ausgeschaltet werden, erzeugen Spannungsänderungen an der Bezugsimpedanz. Die Höhe der Spannungsänderung ist jedoch von mehreren Parametern abhängig, die während der Messung nur unzureichend bzw. nur mit großem technischen Aufwand zu erfassen sind. Die maximale relative Spannungsänderung d_{max} ist u. a. abhängig von

• dem Schaltphasenwinkel

• der Betriebstemperatur, z. B. der Motorwicklung oder der Heizwicklung

• von mechanischen Eigenschaften

Dies führt dazu, dass ein mehrfaches Einschalten derselben Einrichtung bei gleichen Einstellungen zu unterschiedlichen d_{max}-Werten führen kann. Dies wurde auch in Rundversuchen bestätigt. Die Norm geht deshalb nicht von Extremwerten aus. Die im Anhang B von DIN EN 61000-3-3 (VDE 0838-3):2002-05 genannten Prüfbedingungen und -verfahren zur Messung der Spannungsänderung d_{max}, die durch manuelles Schalten hervorgerufen werden, sehen vor, aus 24 unabhängigen Messungen von d_{max} den größten und den kleinsten Wert zu streichen und aus den verbleibenden 22 Messwerten den arithmetischen Mittelwert $\overline{d}_{max}$ zu bilden und mit den Grenzwerten zu vergleichen.

8.6 Prüfbedingungen

8.6.1 Allgemeine Prüfbedingungen

Geprüft werden alle Geräte, die durch ihr Betriebsverhalten Spannungsschwankungen oder Flicker erzeugen.

Die Ermittlung der Spannungswerte erfolgt durch direkte Spannungsmessung oder durch Berechnung des Spannungsfalls an der Bezugsimpedanz aus den gemessenen Stromwerten.

Die Flickerstärke wird durch Berechnung aus dem Spannungsänderungsverlauf (analytisches Verfahren) oder durch Messung mit einem Flickermeter ermittelt. Im Zweifelsfall ist die Messung mit einem Flickermeter anzuwenden.

Beurteilt werden die Spannungsschwankungen aller Außenleiter-Neutralleiter-Spannungen. Für symmetrisch betriebene Drehstromgeräte sind die Spannungsschwankungen in allen drei Außenleitern gleich. Es genügt dann die Messung einer beliebigen Außenleiter-Neutralleiter-Spannung. Voraussetzung ist jedoch, dass die Spannungsschwankungen in den drei Außenleitern zu jedem beliebigen Zeitpunkt gleich sind.

Prinzipiell soll durch die Prüfung eines Geräts der ungünstigste Betriebszustand erfasst werden. Dies ist in der Praxis nur mit einer gewissen Unsicherheit möglich, da dem unabhängigen Prüfer in der Regel nicht alle möglichen flickerwirksamen Betriebszustände bekannt sind. Die Erfahrung des Prüfers spielt hier eine entscheidende Rolle. Um eine einheitliche Vorgehensweise zu erreichen, sind im Anhang A der Norm Prüfbedingungen für eine Anzahl ausgewählter Geräte angegeben. Generell gilt, dass bei der Prüfung nur solche Einstellungen der Steuerungen und Programme zu wählen sind, die vom Hersteller in der Bedienungsanleitung angegeben werden oder die anderweitig mit einer gewissen Wahrscheinlichkeit benutzt werden.

Das Gerät ist im Anlieferungszustand zu prüfen. Wird die Typenprüfung mit dem Ziel einer Zertifizierung durchgeführt, dann ist es die Aufgabe des jeweiligen akkreditieren Prüflabors, für eine eindeutige Kennzeichnung des Prüflings, insbesondere aller flickerbeeinflussenden Komponenten, zu sorgen.

Die Ermittlung der größten Spannungsänderung d_{max} während eines Motoranlaufs kann durch Messungen mit fest gebremstem Läufer erfolgen.

Für ein Gerät mit mehreren getrennten, gesteuerten oder geregelten Stromkreisen gilt folgendes Verfahren:

- Jeder Stromkreis ist dann als unabhängiges Gerät zu betrachten, wenn er für einen von anderen unabhängigen Betrieb vorgesehen ist, vorausgesetzt, die Steuerungen sind nicht zum gleichzeitigen Schalten der Stromkreise ausgelegt.

- Wenn die Steuerungen der einzelnen, getrennten Stromkreise bestimmungsgemäß das gleichzeitige Schalten der Stromkreise bewirken, dann ist die so geregelte oder gesteuerte Grupppe von Stomkreisen als ein einzelnes Gerät zu betrachten.

Dies gilt auch, wenn das gemeinsame Schalten der Stromkreise zu anderen Zwecken als zur Erfüllung der gestellten Regelungs- oder Steuerungsaufgabe erfolgt. Beispielsweise müssen mehrere getrennte Stromkreise gemeinsam kurzzeitig abgeschaltet werden, weil z. B. die Pulse der elektronischen Leistungssteuerung die Übertragung von Messdaten stören.

- Wenn nur ein Teil der Gesamtlast durch eine Kontrolleinheit gesteuert oder geregelt wird, dann sind nur die Spannungsänderungen, die durch den variablen Anteil der Last hervorgerufen werden, zu beurteilen.

Beispiel: Multifunktionsherd

Jede einzelne Kochstelle sowie der Backofen sind voneinander unabhängig und demzufolge getrennt zu prüfen. Besitzt der Backofen z. B. die drei einstellbaren Betriebsarten „Oberhitze", „Unterhitze", „Ober- und Unterhitze", dann sind alle drei Betriebsarten einzeln zu prüfen, sofern in der Betriebsart „Ober- und Unterhitze" die Steuerung auf die Heizstäbe für Ober- und Unterhitze gemeinsam einwirkt. Dabei ist es unerheblich, ob die Heizstäbe durch die gemeinsame Steuerung gleichzeitig oder zeitlich nacheinander geschaltet werden.

8.6.2   Besondere Prüfbedingungen

In der Norm/Anhang A sind besondere Prüfbedingungen für einzelne Geräte aufgeführt. Die Prüfbedingungen orientieren sich am zweckbestimmten Betrieb der Geräte unter realen Anschlussbedingungen. Es wird deswegen darauf verzichtet, alle Einflussgrößen zu spezifizieren bzw. während der Prüfung konstant zu halten. So können z. B. Druckschwankungen im Wassernetz zu Leistungsänderungen in einen elektronischen Durchlauferhitzer und damit zu einem erhöhten Flickerwert führen. Dies ist im realen Betrieb ebenfalls der Fall. Grundsätzlich gilt, dass alle Grenzwerte für $d(t), d_c, d_{max}, P_{st}, P_{lt}$ von allen Geräten und Einrichtungen einzuhalten sind, sofern diese nicht ausdrücklich in den besonderen Prüfbedingungen ausgeschlossen werden.

Gerät	$d(t)$	d_{max}	d_c	P_{st}	P_{lt}
Kochplatten	×	×	×	×	gewerblich
Backöfen	×	×	×	×	gewerblich
Grills	×	×	×	×	gewerblich
Backofen/Grill-Kombination	×	×	×	×	gewerblich
Mikrowellen-Geräte	×	×	×	×	gewerblich
Beleuchtungs-Einrichtung	×	×	×	u. U.	u. U.

Tabelle 8.1 Durchzuführende Prüfungen (Auswahl)

Gerät	$d(t)$	d_{max}	d_c	P_{st}	P_{lt}
Waschmaschinen	×	×	×	×	×
Wäschetrockner	×	×	×	×	×
Kühlschränke	×	×	×	–	–
Kopierer, Laser-Drucker, ähnliche Geräte	×	×	×	×	×
Staubsauger	×	×	×	–	–
Lebensmittel-Mixer	×	×	×	–	–
tragbare Elektrowerkzeuge					
ohne Heizung	×	×	×	–	–
mit Heizung	×	×	×	×	–
Haartrockner					
fest angeschlossen	×	×	×	×	×
handgehalten	×	×	×	×	–
Braune Ware	×	–	–	–	
Durchlauferhitzer					
ohne elektronische Regelung	×	–	×	–	–
mit elektronischer Regelung	×	×	×	×	–
Klimageräte, Luftentfeuchter, Wärmepumpen, gewöhnliche Gefriereinrichtungen	×	×	–	×	×
MMA-Schweißeinrichtung		×	×	×	

Tabelle 8.1 (Fortsetzung) Durchzuführende Prüfungen (Auswahl)

8.7 Beurteilung der Prüfergebnisse und Anwendung der Norm

Alle Geräte und Einrichtungen müssen die Schutzanforderungen nach dem EMV-Gesetz (EMVG) erfüllen. Das EMV-Gesetz [8.2] ist die deutsche Umsetzung der EMV-Richtlinie (89/336/EWG).

EMVG § 3 Schutzanforderungen (Auszug)

(1) Geräte müssen so beschaffen sein, dass bei vorschriftsmäßiger Installierung, angemessener Wartung und bestimmungsgemäßem Betrieb gemäß den Angaben des Herstellers in der Gebrauchsanweisung

> *1. die Erzeugung elektromagnetischer Störungen so weit begrenzt wird, dass ein bestimmungsgemäßer Betrieb von … Geräten möglich ist,*

> *2. die Geräte eine angemessene Festigkeit gegen elektromagnetische Störungen aufweisen, sodass ein bestimmungsgemäßer Betrieb möglich ist.*

(2) Das Einhalten der Schutzanforderungen wird vermutet für Geräte, die übereinstimmen

1. mit den auf das jeweilige Gerät anwendbaren harmonisierten europäischen Normen, deren Fundstellen im Amtsblatt der Europäischen Gemeinschaften [8.3] veröffentlicht wurden; diese Normen werden in DIN-VDE-Normen umgesetzt und ihre Fundstellen im Amtsblatt der Bundesagentur für Eektrizität, Gas, Telekommunikation, Post und Eisenbahnen veröffentlicht; oder …

(3) Bei Geräten, bei denen der Hersteller die in Absatz 2 genannten Normen nicht oder nur teilweise angewandt hat oder für die keine solchen Normen vorhanden sind, gelten die Schutzanforderungen als eingehalten, wenn dies durch einen der folgenden Nachweise bestätigt ist:

1. durch den in § 4 Abs. 2 Satz 1 Nr. 3 genannten technischen Bericht oder

2. durch die dort genannte Bescheinigung einer zuständigen Stelle.

EMVG § 3a Inverkehrbringen

Geräte dürfen nur dann in Verkehr gebracht werden, wenn sie die Schutzanforderungen des § 3 Abs. 1 erfüllen. Sie dürfen ferner nur dann in Verkehr gebracht werden, wenn sie auch den übrigen Bestimmungen dieses Gesetzes bei ordnungsgemäßer Montage, Unterhaltung und bestimmungsgemäßer Verwendung entsprechen.

EMVG § 4 Konformitätsbewertung, CE-Kennzeichnung, Angaben zum bestimmungsgemäßen Betrieb und Betreiben von Geräten (Auszug)

(2) Geräte, bei denen der Hersteller die in § 3 Abs. 2 genannten Normen nicht oder nur teilweise angewandt hat oder für die keine solchen Normen vorhanden sind, dürfen nur in Verkehr gebracht, gewerbsmäßig weitergegeben oder in Betrieb genommen werden, wenn eine technische Dokumentation mit folgendem Inhalt erstellt wird:

1. eine Beschreibung des Geräts

2. eine Beschreibung der Maßnahmen, die die Übereinstimmung mit den Schutzanforderungen gewährleisten und

3. einen technischen Bericht oder eine Bescheinigung, die die Einhaltung der Schutzanforderungen bestätigen; der technische Bericht darf nur von einer zuständigen Stelle anerkannt oder ausgestellt, die Bescheinigung nur von einer solchen Stelle ausgestellt sein; die Bescheinigung soll die Bezeichnung „Bescheinigung einer zuständigen Stelle im Sinne des § 4 Abs. 2 EMVG bzw. des Artikels 10 Abs. 2 der Richtlinie 89/336/EWG" tragen.

Die Übereinstimmung der Geräte mit dem in der technischen Dokumentation beschriebenen Gerät sowie mit den Vorschriften dieses Gesetzes ist vom Hersteller … durch die EG-Konformitätserklärung nach Anlage II zu erklären.

Die Bundesnetzagentur (BNetzA) führt im gesetzlichen Auftrag Prüfungen von elektrischen Geräten am Markt durch.

Überprüft werden u. a.:

- die Übereinstimmung mit den CE-Kennzeichnungsvorschriften
- die Plausibilität der ausgestellten EG-Konformitätserklärungen

● *die Übereinstimmung mit den EMV-Schutzanforderungen*

Die Befugnisse der Bundesnetzagentur sind in EMVG § 8 geregelt.

EMVG § 8 Befugnisse der Bundesnetzagentur, Verordnungsermächtigung

(1) Die Bundesnetzagentur ist befugt,

   1. in Verkehr zu bringende oder in Verkehr gebrachte Geräte im Sinne dieses Gesetzes stichprobenweise auf Einhaltung der Anforderungen nach den §§ 4, 5 und 6 Absätze 3 bis 8, 12 und 13 und auf Einhaltung der Schutzanforderungen nach § 3 Abs. 1 in Verbindung mit Anlage 1 dieses Gesetzes ... zu prüfen.

(3) Stellt die Bundesnetzagentur im Falle des Absatzes 1 Nr. 1 oder Nr. 2 fest, dass ein Gerät mit CE-Kennzeichnung nicht den dort genannten Anforderungen und Schutzanforderungen entspricht, so erlässt sie die erforderlichen Anordnungen, um diesen Mangel zu beheben und einen weiteren Verstoß zu verhindern. Wenn der Mangel nicht behoben wird, trifft die Bundesnetzagentur alle erforderlichen Maßnahmen, um das Inverkehrbringen oder die Weitergabe des betreffenden Geräts einzuschränken, zu unterbinden oder rückgängig zu machen oder seinen freien Warenverkehr einzuschränken.

Die Anordnungen und Maßnahmen nach den Sätzen 1 und 2 können gegen den Hersteller, ... , die Maßnahmen nach Satz 2 auch gegen jeden, der das Gerät weitergibt, gerichtet werden.

(4) Stellt die Bundesnetzagentur im Falle des Absatzes 1 Nr. 3 fest, dass ein Gerät nicht den dort genannten Anforderungen entspricht, so erlässt sie die erforderlichen Anordnungen, um diesen Mangel zu beheben. Wenn der Mangel nicht behoben wird, veranlasst die Bundesnetzagentur die Außerbetriebnahme des Geräts.

(6) Die Bundesnetzagentur ist befugt,

   1. bei auftretenden elektromagnetischen Unverträglichkeiten die notwendigen Maßnahmen zur Ermittlung ihrer Ursache durchzuführen und Abhilfemaßnahmen in Zusammenarbeit mit den Beteiligten zu veranlassen.

EMVG § 12 (Auszug)

(1) Ordnungswidrig handelt, wer vorsätzlich oder fahrlässig

   1. entgegen § 3a Satz 1, § 4 Abs. 1 Satz 1 oder Abs. 2 Satz 1 ein Gerät in Verkehr bringt, gewerbsmäßig weitergibt oder in Betrieb nimmt, ...

EMVG § 13 Zwangsgeld

Zur Durchsetzung der Anordnungen nach § 8 Absätze 2 bis 6 und 8 sowie § 9 kann nach Maßgabe des Verwaltungsvollstreckungsgesetzes ein Zwangsgeld bis zu 500 000 Euro festgesetzt werden.

Das EMVG geht von einem Vermutungsprinzip aus. Danach sind die Schutzanforderungen nach § 3 Abs. 2 als erfüllt anzusehen, wenn die harmonisierten Normen, die im Amtsblatt der Europäischen Gemeinschaft und der Bundesnetzagentur (BNetzA) gelistet werden, eingehalten wurden. Werden die Normen jedoch nicht oder nur teilweise angewandt, dann kann ein Gerät aufgrund des in § 3, Abs. 3 beschriebenen Konformitätsbewertungsverfahrens mit der Bescheinigung einer zuständigen Stelle in Verkehr gebracht werden.

Probleme bereitet die technische Anwendung der Norm. Die durch Messung ermittelten Größenwerte sind mit den in den Normen angegebenen Grenzwerten zu vergleichen. Jede Messung ist im Rahmen der zulässigen Messunsicherheit der verwendeten Messmittel fehlerbehaftet. Die Berücksichtigung dieser (kumulativen) Fehler ist in den Normen nicht vorgesehen. Demnach könnte beispielsweise ein Gerät, das tatsächlich eine Flickerstärke von $P_{st} = 0{,}99$ erzeugt (wahrer Wert), zu einer gemessenen Flickerstärke von $P_{st} = 1{,}02$ führen. Dieses Gerät würde die Prüfung nicht bestehen. In diesem Falle würde also ein normgerechtes Gerät zu scharf beurteilt; der andere Fall ist jedoch auch denkbar, dass ein Gerät, das die Grenzwerte tatsächlich überschreitet, aufgrund der vorhandenen Messfehler als „gut" bewertet wird. Andererseits ist jedoch auch zu bedenken, dass jedes Gerät eine Stichprobe aus einer Produktserie darstellt. Es ist sehr unwahrscheinlich, dass in einer Produktserie alle Geräte die normativen Grenzwerte erreichen, aber nicht überschreiten,

Mit dem Ziel, das Einhalten der Schutzanforderungen nach dem EMVG zu beurteilen, wurde von der BNetzA (bis zum 13. Juli 2005 RegTP) eine Dreistufen-Methode entwickelt und vorgeschlagen [8.4].

Grundlage für die Anwendung der Dreistufen-Methode auf Serienprodukte ist die Prüfung einer Stichprobe von in der Regel fünf Geräten. Für jedes EMV-Merkmal wird der statistische Mittelwert $\overline{G}_{EMV}$ ermittelt. Dieser Wert wird wie folgt mit dem zulässigen Grenzwert $G_{EMV,zul}$ verglichen; der zulässige relative Gesamt-Messfehler sei $f_{EMV,zul}$

- $\overline{G}_{EMV} < G_{EMV,zul}$

  - Konformität ist nachgewiesen, Die Einhaltung der Schutzanforderungen wird vermutet.

- (Stufe A): $G_{EMV,\,zul} < \overline{G}_{EMV} \leq \left(1 + \dfrac{f_{EMV,\,zul}}{2}\right) G_{EMV,\,zul}$

  - Die Messwerte liegen über dem zulässigen Grenzwert.

  - Informelles Schreiben an den Hersteller, dass die Gesamtserie vermutlich die Grenzwerte nicht einhält.

- (Stufe B): $G_{EMV,zul}\left(1 + \dfrac{f_{EMV,\,zul}}{2}\right) < \overline{G}_{EMV} \leq \left(1 + \dfrac{3f_{EMV,\,zul}}{2}\right) G_{EMV,\,zul}$

  - Stichprobe hält den Grenzwert nicht ein; es ist zu vermuten, dass das Produkt nicht konform mit dem EMVG ist.

  - Die Schutzanforderungen nach EMVG sind verletzt.

  - Der Hersteller wird zu Abhilfemaßnahmen aufgefordert.

- (Stufe C): $\overline{G}_{EMV} > \left(1 + \dfrac{3 f_{EMV}}{2}\right) G_{EMV,zul}$

- Erhebliche Nichtkonformität mit dem EMVG.
- Die Schutzanforderungen sind signifikant verletzt.
- Der Hersteller wird zu Nachbesserung aufgefordert, ggf. Vertriebsverbot.

Es liegt im Ermessen der Bundesnetzagentur, die in Gl. (8.4) vorgeschlagene Drei-stufen-Methode in der vorgestellten Form oder abgeändert anzuwenden.

Wendet man die Dreistufen-Methode auf die Grenzwerte nach DIN EN 61000-3-3 (VDE 0838-3):2002-05 an, dann ergeben sich für G_{EMV} die in **Tabelle 8.2** angegebenen Zuordnungen zu den Stufen A bis C.

EMV-Merkmal	$G_{EMV,zul}$	$f_{EMV,zul}$	Stufe A $\overline{G}_{EMV}$	Stufe B $\overline{G}_{EMV}$	Stufe C $\overline{G}_{EMV}$
P_{lt}	0,65	5 %	≤ 0,666	> 0,666 … 0,699	> 0,699
P_{st}	1,0	5 %	≤ 1,025	> 1,025 … 1,075	> 1,075
d_c	3,3 %	8 %	≤ 3,432	> 3,432 % … 3,696 %	> 3,696 %
d_{max}	4 %	8 %	≤ 4,16 %	> 4,160 % … 4,480 %	> 4,480 %
d_{max}	6 %	8 %	≤ 6,24 %	> 6,240 % … 6,720 %	> 6,720 %
d_{max}	7 %	8 %	≤ 7,28 %	> 7,280 % … 7,840 %	> 7,840 %

Tabelle 8.2 Anwendung der Dreistufen-Methode
Grenzwerte $G_{EMV,zul}$ nach DIN EN 61000-3-3 (VDE 0838-3):2002-05

Literatur

[8.1] DIN EN 61000-3-3(VDE 0838-3):2002-05
Elektromagnetische Verträglichkeit (EMV)
Teil 3-3: Grenzwerte – Begrenzung von Spannungsänderungen, Spannungs-schwankungen und Flicker in öffentlichen Niederspannungs-Versorgungs-netzen für Geräte mit einem Bemessungsstrom ≤ 16 A je Leiter, die keiner Sonderanschlussbedingung unterliegen

[8.2] Gesetz über die elektromagnetische Verträglichkeit von Geräten (EMVG) vom 18. September 1998, BGBl I 1998, 2882, zuletzt geändert durch Art. 3 Abs. 5 G vom 7.7.2005 I 1970

[8.3] http://europa.eu.int/comm/enterprise/newapproach/standardization/ harmstds/reflist/emc/ojc105de.pdf

[8.4] *Jeromin, G.* (RegTP)
Einheitliche Maßstäbe bei der Marktüberwachung
EMC Kompendium 2000
Habiger, E.; Müller, K. (Hrsg.)
publish-industry Verlag, München

9 Die Regelungen der DIN EN 61000-3-11 (VDE 0838-11):2001-04

9.1 Anwendungsbereich

Die Norm DIN EN 61000-3-11 (VDE 0838-11):2001-04 [9.1] ist anzuwenden auf elektrische und elektronische Einrichtungen und Geräte mit einem Nenneingangsstrom $\leq 75\,A$, die einer Sonderanschlussbedingung unterliegen. Einer Sonderanschlussbedingung unterliegen alle Geräte und Einrichtungen mit einem Nenneingangsstrom von $> 16\,A$ und solche Geräte und Einrichtungen, die unter dem Anwendungsbereich der Norm DIN EN 61000-3-3 (VDE 0838-3):2002-05 [9.2] fallen, die Grenzwerte nach dieser Norm jedoch nicht einhalten.

Diese Norm ist seit November 2003 (dow: 2003-11-01) ohne Einschränkungen anzuwenden.

9.2 Anforderungen, Herstelleralternative

Wenn ein Gerät oder eine Einrichtung die Anforderungen nach DIN EN 61000-3-3 (VDE 0838-3):2002-05 erfüllt, dann kann der Hersteller dies erklären; weitere Untersuchungen sind dann nicht erforderlich.

Wenn ein Gerät oder eine Einrichtung mit einem Eingangsstrom von bis zu 75 A die Norm DIN EN 61000-3-3 (VDE 0838-3):2002-05 nicht erfüllt, dann sind besondere Überlegungen notwendig. Ein derartiges Gerät würde im Netz zu unzulässig hohen Spannungsänderungen und/oder Flickerpegeln führen, wenn die Netzimpedanz am Anschlusspunkt Z_{sys} in die Größenordnung der Bezugsimpedanz kommt. Daraus folgt, dass solche Geräte und Einrichtungen Sonderanschlussbedingungen unterliegen.

Der Hersteller hat dann die Wahl zwischen zwei Alternativen:

a) Die Ermittelung der maximal zulässigen Netzimpedanz Z_{max} am Anschlusspunkt der Kundenanlage mit dem öffentlichen Netz. Der Hersteller muss dann die maximal zulässige Netzimpedanz dem Kunden gegenüber erklären und ihn darauf hinweisen, dass das Gerät nur an eine Versorgung angeschlossen werden darf, deren Impedanz kleiner oder gleich Z_{max} ist.

b) Eine Erklärung dem Kunden gegenüber abgeben, dass das Gerät oder die Einrichtung nur zur Verwendung in Anwesen vorgesehen ist, die eine Dauerstrombelastbarkeit des Netzes $\geq 100\,A$ je Außenleiter haben. Diese Bedingung wird

155

durch ein Label, das auf dem Gerät angebracht wird, zum Ausdruck gebracht. Das Gerät oder die Einrichtung wird nach festgelegten Prüfbedingungen geprüft. Es wird eine reduzierte Prüfimpedanz verwendet.

Im konkreten Falle sollte ein Kunde mit dem zuständigen Netzbetreiber Kontakt aufnehmen, um gemeinsam die Anschlussmöglichkeiten für ein bestimmtes Gerät oder einer Einrichtung, das bzw. die einer Sonderanschlussbedingung unterliegt, zu erörtern.

9.2.1 Ermittlung der maximal zulässigen Netzimpedanz Z_{max} für Geräte mit Nennströmen bis zu 75 A je Außenleiter

Es sind mehrere Schritte erforderlich:

- Prüfung des Geräts oder der Einrichtung an der Prüfimpedanz Z_{Test}
- Umrechnung der ermittelten Werte auf die Bezugsimpedanz Z_{ref}
- Vergleich der auf die Bezugsimpedanz umgerechneten Werte mit den Grenzwerten nach DIN EN 61000-3-3 (VDE 0838-3):2002-05
- Ermittlung der maximal zulässigen Netzimpedanz Z_{max}

9.2.1.1 Prüfung des Geräts oder der Einrichtung an der Prüfimpedanz $\underline{Z}_{Test}$

Die Prüfung wird mit dem in DIN EN 61000-3-3 (VDE 0838-3):2002-05 beschriebenen Prüfkreis durchgeführt, mit der Ausnahme, dass die Impedanz $\underline{Z}_{ref}$ durch $\underline{Z}_{Test}$ ersetzt wird. Die Prüfimpedanz $\underline{Z}_{Test}$ ist gleich der Bezugsimpedanz $\underline{Z}_{ref}$ für Geräte und Einrichtungen mit einem Nenn-Eingangsstrom ≤ 16 A; sie ist kleiner als $\underline{Z}_{ref}$ für Geräte und Einrichtungen mit einem Nenn-Eingangsstrom größer als 16 A.

Zum Auffinden der optimalen Prüfimpedanz werden zwei Bedingungen aufgestellt:

- Die Spannungsänderung ΔU, die während der Prüfung durch das Gerät oder die Einrichtung hervorgerufen wird, soll 3 % bis 5 % betragen.
  Diese Bedingung stellt sicher, dass die relative Stromänderung des Geräts oder der Einrichtung im Netz ungefähr gleich der Stromänderung während der Prüfung ist.
- Das Verhältnis von Ohm'scher zu induktiver Komponente von $\underline{Z}_{Test}$ sollte etwa dem Verhältnis von R_{ref}/X_{ref} entsprechen.

Vier Werte $d_{c,Test}$, $d_{max,Test}$, $P_{st,Test}$, $P_{lt,Test}$ sind zu messen. Der Index „Test" weist darauf hin, dass die vier Werte sich auf eine Messung an $\underline{Z}_{Test}$ und nicht an $\underline{Z}_{ref}$ beziehen.

In DIN EN 61000-3-11 (VDE 0838-11):2001-04 werden keine Prüfbedingungen genannt. Es sind daher die Prüfbedingungen nach DIN EN 61000-3-3 (VDE 0838-3): 2002-05 zu verwenden. Beispielsweise fällt ein elektronischer Durchlauferhitzer mit $P_n = 18$ kW unter den Anwendungsbereich der Norm DIN EN 61000-3-11

(VDE 0838-11):2001-04, das zugehörige Prüfverfahren ist im Anhang A.12 der Norm DIN EN 61000-3-3 (VDE 0838-3):2002-05 beschrieben.

9.2.1.2 Umrechnung der ermittelten Werte auf die Bezugsimpedanz Z_{ref}

Die Messwerte werden mit Hilfe des Impedanzverhältnisses (Beträge) linear umgerechnet:

$$d_{c,ref} = d_{c,Test} \frac{Z_{ref}}{Z_{Test}}$$

$$d_{max,ref} = d_{max,Test} \frac{Z_{ref}}{Z_{Test}} \tag{9.1}$$

$$P_{st,ref} = P_{st,Test} \frac{Z_{ref}}{Z_{Test}}$$

$$P_{lt,ref} = P_{lt,Test} \frac{Z_{ref}}{Z_{Test}}$$

Die Werte $d_{c,ref}$, $d_{max,ref}$, $P_{st,ref}$, $P_{lt,ref}$ sind vergleichbar mit den Werten, die man durch direkte Messungen an der Bezugsimpedanz Z_{ref} erhalten würde.

9.2.1.3 Vergleich der auf die Bezugsimpedanz umgerechneten Werte mit den Grenzwerten nach DIN EN 61000-3-3 (VDE 0838-3):2002-05

Wenn alle auf die Bezugsimpedanz umgerechneten Werte kleiner oder gleich den Grenzwerten nach DIN EN 61000-3-3 (VDE 0838-3):2002-05 sind, dann erklärt der Hersteller, dass das Gerät oder die Einrichtung die „Anforderungen an Spannungsschwankungen und Flicker nach DIN EN 61000-3-3 (VDE 0838-3):2002-05" erfüllt.

Wenn das 500-ms-Kriterium für $d(t)$ an der reduzierten Bezugsimpedanz eingehalten wird, dann kann angenommen werden, dass dieses Kriterium für $d(t)$ auch an der Bezugsimpedanz Z_{ref} erfüllt ist.

9.2.1.4 Ermittlung der maximal zulässigen Netzimpedanz Z_{max}

In den folgenden Gleichungen sind die auf die Bezugsimpedanz umgerechneten Messwerte $d_{c,ref}$, $d_{max,ref}$, $P_{st,ref}$, $P_{lt,ref}$ zu verwenden.

$$Z_{sys,1} = Z_{ref} \cdot \frac{d_{max,zul}}{d_{max,ref}}$$

$$= Z_{ref} \cdot \frac{d_{max,EN\ 61000\text{-}3\text{-}3}}{d_{max,ref}} \tag{9.2}$$

$$Z_{sys,2} = Z_{ref} \cdot \frac{d_{c,zul}}{d_{c,ref}}$$

$$= Z_{ref} \cdot \frac{3{,}3\ \%}{d_{c,ref}}$$

$$Z_{sys,3} = Z_{ref} \cdot \left(\frac{P_{st,zul}}{P_{st,ref}} \right)^{3/2} = Z_{ref} \cdot \left(\frac{1}{P_{st,ref}} \right)^{3/2}$$

$$Z_{sys,4} = Z_{ref} \cdot \left(\frac{P_{lt,zul}}{P_{lt,ref}} \right)^{3/2} = Z_{ref} \cdot \left(\frac{0{,}65}{P_{lt,ref}} \right)^{3/2} \tag{9.3}$$

Der Minimalwert von allen berechneten $Z_{sys,i}$-Werten ist die maximal zulässige Netzimpedanz:

$$Z_{max} = \text{Min} \left\{ Z_{sys,i} \right\} \tag{9.4}$$

Für manuell geschaltete Geräte und Einrichtungen sind die Flickerstärken P_{st} und P_{lt} nicht zu ermitteln; die maximal zulässige Netzimpedanz wird dann aus den ersten beiden Werten $Z_{sys,1}$ und $Z_{sys,2}$ ermittelt.

Der Hersteller muss die maximal zulässige Netzimpedanz in den Begleitpapieren angeben.

Die vorstehenden Gleichungen gehen davon aus, dass die d-Werte linear auf die verringerte Impedanz Z_{sys} umgerechnet werden können. Dies ist deshalb möglich, da davon ausgegangen wird, dass die Wahrscheinlichkeit, dass sich zwei Spannungsänderungen unterschiedlicher Verbraucher im Netz addieren, sehr unwahrscheinlich ist.

Aus diesem Grunde ist die erlaubte Spannungsänderung unabhängig von der Netzimpedanz; der Spannungsfall an der Netzimpedanz darf die Grenzwerte nach DIN EN 61000-3-3 (VDE 0838-3):2002-05 aber nicht überschreiten.

Die P_{st}- und P_{lt}-Werte sollten dagegen kleiner als die an der Bezugsimpedanz Z_{ref} gültigen Werte sein, da Geräte und Einrichtungen mit einem Nennstrom von größer als 16 A eine kleinere Netzimpedanz Z_{sys} erfordern. Die kleinere Netzimpedanz erfordert in der Regel einen Anschluss in Transformatornähe (elektrisch). In Transformatornähe bedeutet, dass die Impedanz vom Anschlusspunkt bis zur Transformatorsammelschiene gering ist. Dadurch ist die Reduktion der Flickerstärke beim Flicker-Aufwärtstransfer [9.3] nur gering. Somit wird ein größeres Gebiet beeinflusst. Das größere Gebiet erhöht die Wahrscheinlichkeit der Gleichzeitigkeit mit den Spannungsschwankungen, die von anderen Geräten erzeugt werden. Die zulässigen Werte von P_{st} und P_{lt} sollten deshalb mit der Abnahme der Netzimpedanz Z_{sys} reduziert werden.

Der „Gesamt-Störeffekt", der von diesen Geräten oder Einrichtungen erzeugt wird, wird durch die kubische Summe aller P_{st}-Werte über das „beeinflusste Gebiet" ausgedrückt. Nach der Philosophie der „gleichen Rechte" sollte der „Gesamt-Störeffekt" für alle Geräte und Einrichtungen gleich sein.

Diese Bedingung ist dann erreicht, wenn die zulässigen Flickerwerte reduziert werden gemäß

$$P_{st} \sim \left(\frac{Z_{sys}}{Z_{ref}}\right)^{1/3...2/3} \tag{9.5}$$

Wir betrachten vereinfachend einen Abzweig (**Bild 9.1**) mit vier gleichmäßig verteilten Anschlusspunkten. Es sei angenommen, dass eine Last am Anschlusspunkt k mit der Impedanz $\underline{Z}_k$ die Flickerstärke $P_{st,k,zul}$ erzeugen darf. In Richtung zur Sammelschiene verringert sich die Flickerstärke (Flicker-Aufwärtstransfer). In Abwärtsrichtung (Flicker-Abwärtstransfer) findet keine Reduktion der Flickerstärke statt.

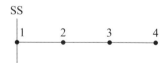

Bild 9.1 Abzweig mit vier Knoten, $Z_{sys} = Z_i$

Den Gesamtstöreffekt G_k erhält man mit Hilfe des kubischen Summationsgesetzes durch Summation über alle Knoten. In diesem Beispiel wurde der Übersichtlichkeit halber eine Beschränkung auf vier Anschlusspunkte vorgenommen. In der Praxis sind mehr Anschlusspunkte vorhanden, sodass die Anzahl N_{10} der zu summierenden einzelnen Flickerstärken ebenfalls groß ist. Für große Werte von N_{10} und unterschiedlichen einzelnen Flickerwerten ist die Wahl von $\alpha_{10} = 3$ problemangepasst.

Anschluss an Knoten 4:

Knoten	4	3	2	1
Impedanzen	$Z_4 = Z_{ref}$	$Z_3 = \dfrac{3}{4} Z_{ref}$	$Z_2 = \dfrac{2}{4} Z_{ref}$	$Z_1 = \dfrac{1}{4} Z_{ref}$
Flickerpegel	$\begin{aligned} P_{st,4} &= P_{st,4,zul} \\ &= P_{st,ref} \end{aligned}$	$\begin{aligned} P_{st,3} &= P_{st,ref} \dfrac{Z_3}{Z_{ref}} \\ &= \dfrac{3}{4} P_{st,ref} \end{aligned}$	$\begin{aligned} P_{st,2} &= P_{st,ref} \dfrac{Z_2}{Z_{ref}} \\ &= \dfrac{2}{4} P_{st,ref} \end{aligned}$	$\begin{aligned} P_{st,1} &= P_{st,ref} \dfrac{Z_1}{Z_{ref}} \\ &= \dfrac{1}{4} P_{st,ref} \end{aligned}$

$$G_4^3 = P_{st,ref}^3 \left(1 + \left(\frac{3}{4}\right)^3 + \left(\frac{2}{4}\right)^3 + \left(\frac{1}{4}\right)^3 \right) = 1{,}56 \cdot P_{st,ref}^3$$

Anschluss an Knoten 3:

Knoten	4	3	2	1
Impedanzen	$Z_4 = Z_{ref}$	$Z_3 = \dfrac{3}{4} Z_{ref}$	$Z_2 = \dfrac{2}{4} Z_{ref}$	$Z_1 = \dfrac{1}{4} Z_{ref}$
Flickerpegel	$P_{st,3}$	$P_{st,3} = P_{st,3,zul}$	$\begin{aligned} P_{st,2} &= P_{st,3,zul} \dfrac{Z_2}{Z_3} \\ &= \dfrac{2}{3} P_{st,3,zul} \end{aligned}$	$\begin{aligned} P_{st,1} &= P_{st,3,zul} \dfrac{Z_1}{Z_3} \\ &= \dfrac{1}{3} P_{st,3,zul} \end{aligned}$

$$G_3^3 = P_{st,3,zul}^3 \left(1 + 1 + \left(\frac{2}{3}\right)^3 + \left(\frac{1}{3}\right)^3 \right) = 2{,}33 \cdot P_{st,3,zul}^3$$

Anschluss an Knoten 2:

Knoten	4	3	2	1
Impedanzen	$Z_4 = Z_{ref}$	$Z_3 = \dfrac{3}{4} Z_{ref}$	$Z_2 = \dfrac{2}{4} Z_{ref}$	$Z_1 = \dfrac{1}{4} Z_{ref}$
Flickerpegel	$P_{st,2}$	$P_{st,2}$	$P_{st,2} = P_{st,2,zul}$	$\begin{aligned} P_{st,1} &= P_{st,2,zul} \dfrac{Z_1}{Z_2} \\ &= \dfrac{1}{2} P_{st,2,zul} \end{aligned}$

$$G_2^3 = P_{st,2,zul}^3 \left(1 + 1 + 1 + \left(\frac{1}{2}\right)^3 \right) = 3{,}125 \cdot P_{st,2,zul}^3$$

Anschluss an Knoten 1:

Knoten	4	3	2	1
Impedanzen	$Z_4 = Z_{ref}$	$Z_3 = \dfrac{3}{4} Z_{ref}$	$Z_2 = \dfrac{2}{4} Z_{ref}$	$Z_1 = \dfrac{1}{4} Z_{ref}$
Flickerpegel	$P_{st,1}$	$P_{st,1}$	$P_{st,1}$	$P_{st,1} = P_{st,1,zul}$

$$G_1^3 = P_{st,1,zul}^3 (1 + 1 + 1 + 1) = 4 \cdot P_{st,1,zul}^3$$

Voraussetzungsgemäß soll der Gesamtstöreffekt für alle Verbraucher gleich sein.

Die Abnahme der zulässigen Störaussendung mit sinkender Netzimpedanz erhält man dann durch Gleichsetzen der Gesamtstöreffekte der einzelnen Knoten mit dem Gesamtstöreffekt am Knoten 4 (maximale Impedanz) :

Knoten k	$\dfrac{Z_{sys}}{Z_{ref}}$	Rechnung	$\left(\dfrac{P_{st,i,zul}}{P_{st,ref}}\right)^3$	$\left(\dfrac{Z_{sys}}{Z_{ref}}\right)^{1,4}$
4	1	$G_4 = G_4$	1	1
3	0,75	$G_3 = G_4$ $2,33 \cdot P_{st,3,zul}^3 - 1,56 \cdot P_{st,ref}^3$	0,67	0,67
2	0,5	$G_2 = G_4$ $3,125 \cdot P_{st,2,zul}^3 = 1,56 \cdot P_{st,ref}^3$	0,50	0,38
1	0,25	$G_1 = G_4$ $4 \cdot P_{st,1,zul}^3 = 1,56 \cdot P_{st,ref}^3$	0,39	0,14

Der Verlauf von $(P_{st,i,zul}/P_{st,ref})^3 = f(Z_{sys}/Z_{ref})$ kann durch eine Potenzfunktion angenähert werden.

$$\left(\frac{P_{st,i,zul}}{P_{st,ref}}\right)^3 = \left(\frac{Z_{sys}}{Z_{ref}}\right)^x \qquad (9.6)$$

Vergleicht man die Spalten 4 und 5 der obigen Tabelle miteinander, dann erkennt man eine gute Übereinstimmung für $x = 1,4$ im Bereich $Z_{sys}/Z_{ref} > 0,5$.

Betrachtet man Strahlennetze mit mehr Knoten und Verzweigungen und Maschennetze, dann ergibt sich prinzipiell die gleiche Aussage. Der Exponent x liegt dann im Bereich zwischen 1...2.

Mit $x = 2$ und $P_{\text{st,zul}} = 1$ erhält man die in Gl. (9.3) angegebenen Beziehungen:

$$P_{\text{st,zul}} = P_{\text{st,ref}} \left(\frac{Z_{\text{sys}}}{Z_{\text{ref}}} \right)^{2/3} \tag{9.7}$$

bzw.

$$Z_{\text{sys}} = Z_{\text{ref}} \left(\frac{P_{\text{st,zul}}}{P_{\text{st,ref}}} \right)^{3/2}$$

$$Z_{\text{sys}} = Z_{\text{ref}} \left(\frac{1}{P_{\text{st,ref}}} \right)^{3/2} \tag{9.8}$$

Entsprechendes gilt für P_{lt}.

Die Norm DIN EN 61000-3-11 (VDE 0838-11):2001-04 [9.1] ist anzuwenden auf elektrische und elektronische Einrichtungen und Geräte mit einem Nenneingangsstrom ≤ 75 A.

Geräte mit einem Eingangsstrom von 75 A sind Drehstromgeräte.

Das d_c-Kriterium wird an der Bezugsimpedanz von einem Laststrom

$$I_{\text{a,zul}} = \frac{d_{\text{c,zul}} \, U_n}{\sqrt{3} \cdot Z_{\text{ref,3}}} = \frac{3,3 \% \cdot 400 \text{ V}}{\sqrt{3} \cdot 0,283 \, \Omega} = 26,9 \text{ A}$$

erreicht. Das d_c-Kriterium erfordert für ein Gerät mit einem Laststrom von $I_a = 75$ A eine Netzimpedanz von maximal

$$Z_{\text{sys,2}} = Z_{\text{ref,3}} \frac{I_{\text{a,zul}}}{I_a} = 0,283 \, \Omega \, \frac{26,9 \text{ A}}{75 \text{ A}} = 0,102 \, \Omega$$

Geht man weiter davon aus, dass ein Gerät mit $I_{\text{a,zul}} = 26,9$ A durch Lastschwankungen eine Flickerstärke von $P_{\text{st,zul}} = 1,00$ erzeugt, dann gilt wegen $P_{\text{st}} \sim d \sim I_a$ für die maximale Netzimpedanz am Anschlusspunkt:

$$Z_{\text{sys,3}} = Z_{\text{ref,3}} \left(\frac{P_{\text{st,zul}}}{P_{\text{st,ref,3}}} \right)^{3/2} = Z_{\text{ref,3}} \left(\frac{I_{\text{a,zul}}}{I_a} \right)^{3/2} = 0,283 \, \Omega \left(\frac{26,9 \text{ A}}{75 \text{ A}} \right)^{3/2} = 0,060 \, \Omega$$

$$Z_{\text{max}} = \text{Min} \left\{ Z_{\text{sys,}i} \right\} = 0,060 \, \Omega$$

Geräte und Einrichtungen mit Nennströmen von 75 A erfordern eine maximale Netzimpedanz von 60 mΩ. Es gibt nur wenige Punkte im öffentlichen Niederspannungsnetz, die diese Forderung erfüllen.

Beispiel 9.1:

Der auf die Bezugsimpedanz umgerechnete P_{st}-Wert eines Geräts sei $P_{st,ref} = 1,6$. Mit Gl. (9.3) erhält man für die zulässige Netzimpedanz:

$$Z_{sys} = Z_{ref}\left(\frac{1}{P_{st,ref}}\right)^{3/2} = Z_{ref}\left(\frac{1}{1,6}\right)^{3/2} = \frac{Z_{ref}}{2}$$

Der von dem Gerät an der tatsächlichen Netzimpedanz erzeugte Flicker ist um den Faktor Z_{sys}/Z_{ref} gegenüber dem Flickerwert an der Bezugsimpedanz verringert.

$$P_{st,sys} = \frac{Z_{sys}}{Z_{ref}}\,P_{st,ref} = \frac{1}{2}\cdot 1,6 = 0,80$$

Beispiel 9.2

Die Prüfung eines Drehstromgeräts an der dreiphasigen Prüfimpedanz $Z_{Test,3} = Z_{ref,3}/2$ hat die folgenden Messwerte ergeben:

$d_{c,Test} = 1,8\,\%$

$d_{max,Test} = 2,9\,\%$

$P_{st,Test} = 0,81$

$P_{lt,Test} = 0,56$

Die Messwerte müssen zunächst auf die Bezugsimpedanz $Z_{ref,3} = 0,283\ \Omega$ umgerechnet werden, Gl. (9.1).

$$d_{c,ref,3} = d_{c,Test}\,\frac{Z_{ref,3}}{Z_{Test,3}} = 1,8\,\%\cdot 2 = 3,6\,\%$$

$$d_{max,ref,3} = d_{max,Test}\,\frac{Z_{ref,3}}{Z_{Test,3}} = 2,9\,\%\cdot 2 = 5,8\,\%$$

$$P_{st,ref,3} = P_{st,Test}\,\frac{Z_{ref,3}}{Z_{Test,3}} = 0,81\cdot 2 = 1,62$$

$$P_{lt,ref,3} = P_{lt,Test}\,\frac{Z_{ref,3}}{Z_{Test,3}} = 0,56\cdot 2 = 1,12$$

Für dieses Gerät soll die zulässige maximale Spannungsänderung $d_{max,EN61000-3-3} = 4\,\%$ betragen. Damit erhält man für die Netzimpedanz Z_{sys} folgende Werte, Gl. (9.2) und Gl. (9.3):

$$Z_{sys1} = Z_{ref,3}\cdot\frac{d_{max,EN\,61000-3-3}}{d_{max,ref,3}} = 0,283\ \Omega\,\frac{4\,\%}{5,8\,\%} = 0,193\ \Omega$$

$$Z_{sys2} = Z_{ref,3} \cdot \frac{3,3\,\%}{d_{c,ref,3}} = 0,283\ \Omega\ \frac{3,3\,\%}{3,6\,\%} = 0,256\ \Omega$$

$$Z_{sys3} = Z_{ref,3} \cdot \left(\frac{1}{P_{st,ref,3}}\right)^{3/2} = 0,283\ \Omega\ \left(\frac{1}{1,62}\right)^{3/2} = 0,136\ \Omega$$

$$Z_{sys4} = Z_{ref,3} \cdot \left(\frac{0,65}{P_{lt,ref,3}}\right)^{3/2} = 0,283\ \Omega\ \left(\frac{0,65}{1,12}\right)^{3/2} = 0,124\ \Omega$$

Die maximale Anschlussimpedanz beträgt

$$Z_{max} = \mathrm{Min}\left\{Z_{sys,i}\right\} = \mathrm{Min}\left\{0,193\ \Omega;\ 0,256\ \Omega;\ 0,136\ \Omega;\ 0,124\ \Omega\right\} = 0,124\ \Omega$$

Der Hersteller muss dem Kunden gegenüber erklären, dass das Gerät nur an einen Anschlusspunkt mit einer Impedanz von $\leq 0,124\ \Omega$ angeschlossen werden darf.

9.2.2 Geräte und Einrichtungen zum Anschluss an einen Anschlusspunkt mit einer Dauerstrombelastbarkeit von > 100 A je Außenleiter

Geräte und Einrichtungen, die zum Anschluss an einen Anschlusspunkt mit einer Dauerstrombelastbarkeit von > 100 A je Außenleiter vorgesehen sind, werden an einer Prüfimpedanz (**Bild 9.2**) geprüft, die der reduzierten Bezugsimpedanz Z_{ref100} entspricht. Es gilt, unabhängig von der Anschlussart, $Z_{ref100}/Z_{ref} = 0,75$.

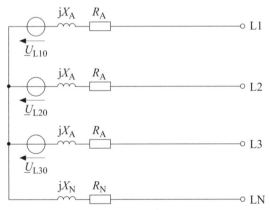

Bild 9.2 reduziertes Bezugsnetz nach DIN EN 61000-3-11 (VDE 0838-11):2001-04 (Dauerstrombelastbarkeit > 100 A je Außenleiter)

$U_{L10}, U_{L20}, U_{L30}$: Nennwert 230 V
$R_A + jX_A = 0,15 + j0,15\ \Omega$
$R_N + jX_N = 0,10 + j0,10\ \Omega$

Ein Gerät oder eine Einrichtung muss an der reduzierten Bezugsimpedanz die Grenzwerte nach DIN EN 61000-3-3 (VDE 0838-3):2002-05 einhalten. Der Hersteller kann dann erklären, dass das Gerät oder die Einrichtung in Übereinstimmung mit DIN EN 61000-3-11 (VDE 0838-11):2001-04 ist und nur an einen Anschlusspunkt mit einer Dauerstrombelastbarkeit von ≥ 100 A angeschlossen werden darf.

Literatur

[9.1] DIN EN 61000-3-11 (VDE 0838-11):2001-04
Elektromagnetische Verträglichkeit (EMV)
Teil 3-11: Grenzwerte – Begrenzung von Spannungsänderungen,
Spannungsschwankungen und Flicker in öffentlichen Niederspannungs-
Versorgungsnetzen – Geräte und Einrichtungen mit einem Bemessungsstrom
≤ 75 A, die einer Sonderanschlussbedingung unterliegen

[9.2] DIN EN 61000-3-3 (VDE 0838-3):2002-05
Elektromagnetische Verträglichkeit (EMV)
Teil 3-3: Grenzwerte – Begrenzung von Spannungsänderungen, Spannungs-
schwankungen und Flicker in öffentlichen Niederspannungs-Versorgungs-
netzen für Geräte mit einem Bemessungsstrom ≤ 16 A je Leiter, die keiner
Sonderanschlussbedingung unterliegen

[9.3] *Mombauer, W.:*
VDE-Schriftenreihe Normen verständlich, Band 110
Flicker in Stromversorgungsnetzen
Messung, Berechnung, Kompensation
Erläuterungen zu den Europäischen Normen und VDEW-Richtlinien
sowie DIN EN 50160:2000-03
1. Auflage 2005
VDE VERLAG, Berlin und Offenbach

10   Niederspannungsgeräte mit elektronischer Leistungsregelung

Ein Teil der am Niederspannungsnetz angeschlossenen Geräte benötigt für ihren zweckbestimmten Betrieb eine Leistungsregelung. Zu dieser Gerätegruppe zählen u. a.

● Durchlauferhitzer

● Kopierer und Laserdrucker

● Elektrowärmegeräte und Kochstellen

Diese Gerätegruppen zeichnen sich dadurch aus, dass sie eine bestimmte Temperatur einstellen und diese bei veränderlichen äußeren Einflussgrößen in bestimmten Grenzen konstant halten. Beim Durchlauferhitzer soll die eingestellte Auslauftemperatur des Wassers bei Änderung der Durchflussmenge und bei Druckschwankungen konstant bleiben, bei der Kochstelle soll die Temperatur des Kochguts, d. h. die Energiezufuhr, konstant bleiben, beim Laserdrucker die Temperatur der Fixierwalze. In der Vergangenheit wurden dazu elektromechanische Zweipunktregler eingesetzt. Mit dem Ziel, die Gebrauchseigenschaften dieser Geräte zu verbessern, werden zunehmend elektronische Leistungsregelungen angewandt.

Bild 10.1 zeigt den prinzipiellen Aufbau einer elektronischen Leistungsregelung am Beispiel einer Temperaturregelung. Die von der Messeinheit ermittelte Temperatur wird in der Steuereinheit mit der Sollwertvorgabe verglichen. Aufgrund eines vorgegebenen Algorithmus wird von der Steuereinheit die notwendige Leistungszufuhr ermittelt und das geeignete Pulsmuster aus dem Speicher selektiert. Entsprechend dem selektierten Pulsmuster erfolgt die Ansteuerung der Triacs für die Heizung.

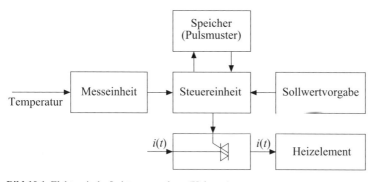

Bild 10.1 Elektronische Leistungsregelung (Heizung)

11   Ausgewählte Geräte und Einrichtungen

In diesem Kapitel werden einige ausgewählte Geräte und die zugehörigen Prüfbedingungen betrachtet. Für einen Teil der Geräte existieren besondere Prüfbedingungen, die dem Anhang A der Norm DIN EN 61000-3-3 (VDE 0838-3):2002-05
zu entnehmen sind.

11.1   Kochstellen und Herde

11.1.1   Aufbau und Wirkungsweise

Bei Herden mit herkömmlichen Heizplatten (Massenkochplatten) wird eine Leistungssteuerung durch thermostat- oder zeitgesteuertes Unterbrechen der Heizleistung für mehrere Sekunden durchgeführt. Die maximale Schaltrate (Knackrate)
liegt bei 5 min^{-1} für 50 % relativer Einschaltdauer. Infolge der hohen thermischen
Trägheit der Massenkochplatten wird eine gleichmäßige Temperatur erreicht.

Moderne Herde sind mit Strahlungs- oder Induktionskochfeldern ausgestattet.

- Strahlheizkörper sind entweder konventionell als Heizspirale oder im Hochtem-
peraturbereich als Halogen-Strahlheizkörper (Heizlampe) ausgeführt. In Strah-
lungskochfeldern wird ein oder werden mehrere Strahlheizkörper eingesetzt, die
ggf. zur Leistungsstufung in Reihe und/oder parallel geschaltet werden können
[11.1–11.3]. In einer anderen Schaltungsvariante können Einkreis- oder Zweikreis-Strahlheizkörper realisiert werden. Zweikreis-Strahlheizkörper sind Heizkörper, bei denen zu einer ersten Beheizungsfläche noch eine zweite zugeschal-
tet werden kann. Auf diese Weise können aus runden Heizkörpern ovale
Kochflächen gebildet werden oder ein runder Heizkörper kann zu einem größe-
ren Heizkörper ergänzt werden. Bei der Verwendung von Halogen-Strahl-
heizkörpern treten Kalteinschalt-Stromspitzen auf, die durch einen Dämpfungs-
widerstand begrenzt werden (Ballast-Heizkörper). Da Strahlungskochfelder
eine gegenüber den Masseplatten geringere thermische Zeitkonstante besitzen,
ist ein häufiges Schalten notwendig. Die gleichmäßige Energiezufuhr wird auch,
als gewünschter Nebeneffekt, durch eine gleichmäßige Rotfärbung der Koch-
fläche signalisiert. Im Hinblick auf die zu erwartende Flickerwirkung ist nur eine
symmetrische Schwingungspaketsteuerung möglich.

- In Induktionskochstellen (**Bild 11.1a**) erfolgt die Energieübertragung durch ein
magnetisches Wechselfeld mit 20 kHz bis 40 kHz. Die Betriebsfrequenz wird
durch einen Resonanzumrichter erzeugt. Der Resonanzkreis, bestehend aus

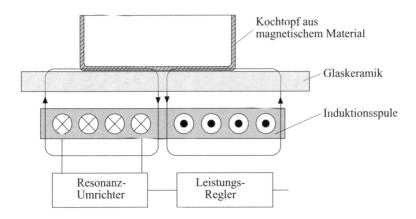

Kochtopf aus
magnetischem Material

Glaskeramik

Induktionsspule

Resonanz-
Umrichter

Leistungs-
Regler

Bild 11.1a Induktions-Kochfeld

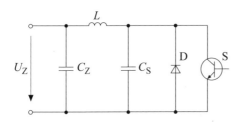

Bild 11.1b Resonanzumrichter

L und C_S, ist ein Reihenschwingkreis. Am Zwischenkreiskondensator C_Z liegt die gleichgerichtete Versorgungsspannung. Nach dem Einschalten des Transistors steigt der Strom in der Spule an. Die Einschaltdauer bestimmt die vom Resonanzkreis aufgenommene Energie. Sobald der Transistor abgeschaltet wird, beginnt der Resonanzkreis zu schwingen. Die Energie wird im Topfboden durch Dämpfung in Wärme umgesetzt. Eine feinstufige Leistungssteuerung wird durch eine Schwingungspaketsteuerung durchgeführt.

Die Einstellung der gewünschten Energie wird über einen Energieregler stufig oder stufenlos vorgenommen. **Bild 11.2** zeigt typische Reglerkennlinien. Die Empfindlichkeit, d. h. die Steigung der Kennlinie, ist im unteren Leistungsbereich (Fortgarleistung) gering. Für die DIN-Testgerichte ergeben sich folgende Reglerstellungen (Neun-Stufen-Regler):

● Linseneintopf   1–3
● Spinat   3–4
● Pellkartoffeln   5–6
● Pfannkuchen   6–9

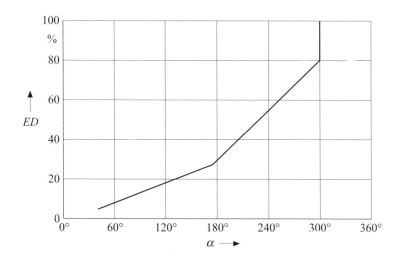

Bild 11.2a Regler-Kennlinie – kontinuierlich

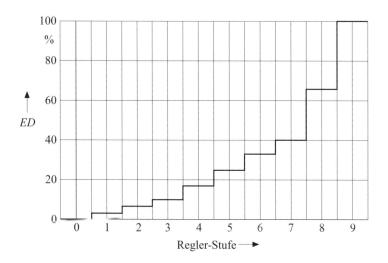

Bild 11.2b Regler-Kennlinie – stufig

171

In Abhängigkeit von der Reglerstellung werden über eine Steuereinheit die der zugehörigen relativen Einschaltdauer entsprechenden Pulsmuster generiert. In der Praxis, d. h. in den privaten Haushalten, werden nicht alle Leistungsstufen gleich häufig benutzt. Dies belegen Kochversuche. In dem zugrunde liegenden Kochversuch wurden die Kochgerichte dem vierwöchigen Speiseplan eines süddeutschen Durchschnittshaushalts entnommen. Es wurde angenommen, dass nach vier Wochen die erste Wiederholung des Speiseplans eintritt. Die Kochstellen-Beheizung mit 180 mm Durchmesser ($P = 1800$ W) war mengenmäßig für einen 4-Personen-Haushalt, die Kochstellen-Beheizung mit 140 mm Durchmesser ($P = 1200$ W) war für einen (2–3)-Personen-Haushalt bemessen.

Beispiele: $D = 180$ mm

Gericht	Salzkartoffeln	
Gardauer	25 min	
Ankochdauer	5 min	$P = 1800$ W (100 % ED)
Fortgardauer	20 min	$P = 306$ W (17 % ED)

Gericht	Schweine-Schmorbraten	
Gardauer	75 min	
Ankochdauer	15 min	$P = 1800$ W (100 % ED)
Fortgardauer	60 min	$P = 198$ W (11 % ED)

Gericht	Kartoffelpuffer	
Gardauer	22,5 min	
Ankochdauer	4 min	$P = 1800$ W (100 % ED)
Fortgardauer	18,5 min	$P = 1080$ W (60 % ED)

In der Auswertung wurde die Gardauer in Ankochdauer und Fortgardauer aufgeteilt. Dies ist wichtig, da das Ankochen bei maximaler Leistung geschieht; flickerrelevant ist das Fortgaren bei reduzierter Leistung.

Für den gesamten Kochversuch ergaben sich folgende Werte:

$D = 140$ mm	Gardauer (gesamt):	1944,2 min
	Ankochdauer (gesamt):	418,5 min
	Fortgardauer (gesamt):	1525,7 min
$D = 180$ mm	Gardauer (gesamt):	2194,4 min
	Ankochdauer (gesamt):	536,6 min
	Fortgardauer (gesamt):	1657,8 min

Bild 11.3 und **Bild 11.4** zeigen für die beiden verwendeten Kochfeldgrößen jeweils die relative Verweildauer-Häufigkeit der Fortgarleistung (Klassenbreite 50 W), bezogen auf die maximale Fortgardauer, sowie die mittlere Fortgardauer in den einzelnen Klassen.

172

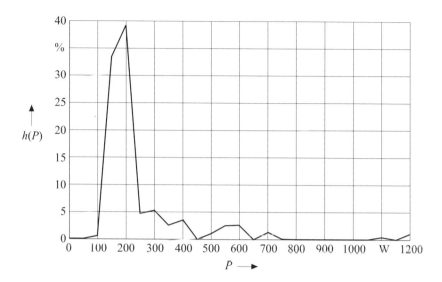

Bild 11.3a Kochplatte 140 mm, 1200 W, Häufigkeitsverteilung der Fortgarleistung, vierwöchiger Kochversuch

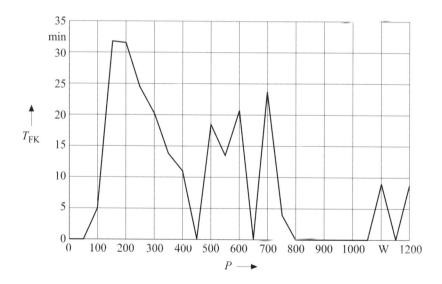

Bild 11.3b Kochplatte 140 mm, 1200 W, mittlere Fortgardauer T_{FK}, vierwöchiger Kochversuch

173

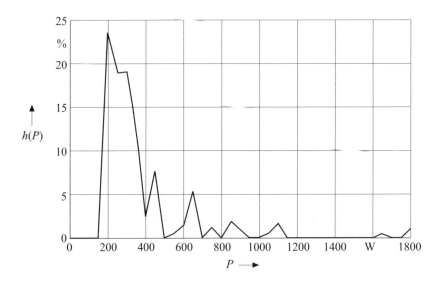

Bild 11.4a Kochplatte 180 mm, 1800 W, Häufigkeitsverteilung der Fortgarleistung, vierwöchiger Kochversuch

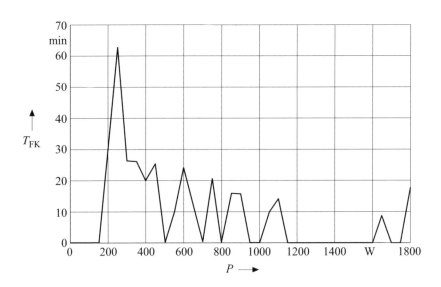

Bild 11.4b Kochplatte 180 mm, 1800 W, mittlere Fortgardauer T_{FK}, vierwöchiger Kochversuch

174

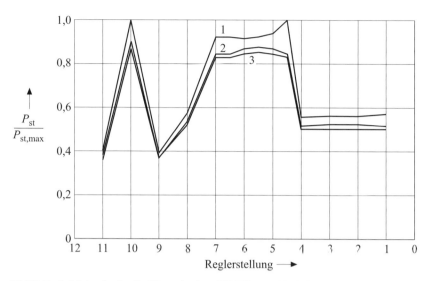

Bild 11.5a Induktionskochstelle, Wasser kochen, 100 °C konst., Topf 180 mm
Topfmaterial: 1 unbekannt (preisgünstiger Topf)
                2 EK2 (Sonderanfertigung)
                3 unbekannt (teurer Topf)

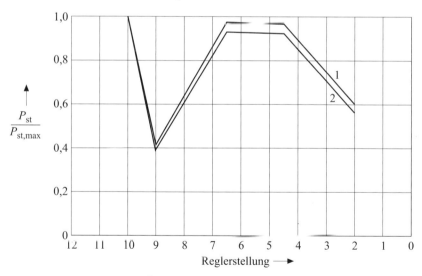

Bild 11.5b Induktionskochstelle, Öl erhitzen, 180 °C konst., Topf 180 mm
Topfmaterial: 1 unbekannt (preisgünstiger Topf)
                2 EK2 (Sonderanfertigung)

175

Man erkennt aus Bild 11.3a für die Kochfeldgröße D = 140 mm beispielsweise, dass für 39 % der gesamten Fortgardauer die Leistung 200 W, entsprechend 16,67 % ED, betrug. Die mittlere Einschaltdauer der Leistungsstufe 200 W betrug 33 min. Insgesamt wird der Leistungsbereich 100 W bis 350 W für etwa 75 % aller Kochgerichte zum Fortgaren genutzt.

Bei Induktionskochstellen ist eine Abhängigkeit vom verwendeten Topfmaterial gegeben (**Bild 11.5**).

11.1.2 Prüfbedingungen für Kochstellen

Die Prüfbedingungen beziehen sich auf Kochstellen mit Massekochplatten.

Für Induktions- und Lichtkochstellen gelten die allgemeinen Prüfbedingungen; besondere Prüfbedingungen sind in der Erarbeitung. Es wird jedoch empfohlen, die drei Teilprüfungen in gleicher Weise durchzuführen. Solange nichts anderes bekannt ist, sollten handelsübliche Kochtöpfe für die entsprechende Kochfeldgröße verwendet werden.

Ermittelt werden d_c, d_{max} und P_{st}. Die Langzeitflickerstärke P_{lt} wird nur für gewerbliche Kochstellen ermittelt. Jede Kochstelle ist getrennt zu prüfen.

Die Prüfung wird mit handelsüblichen Standard-Kochtöpfen durchgeführt.

Durchmesser/Höhe	145 mm/140 mm	180 mm/140 mm	220 mm/120 mm
Wassermenge	1000 g ± 50 g	1500 g ± 50 g	2000 g ± 50 g

Tabelle 11.1 Maße der Standardkochtöpfe und Wasser-Füllmengen

Die Prüfung umfasst drei Teilbereiche. Die ersten beiden Teilprüfungen werden bei fester Temperatur durchgeführt.

Die dritte Teilprüfung wird bei variabler Leistung durchgeführt.

● **Kochtemperaturbereich**

In diesem Bereich werden die Fortkoch-Eigenschaften (Kartoffeln kochen) abgeprüft. Die eingestellte Temperatur bleibt für einen längeren Zeitraum erhalten.

Diese Prüfung erfolgt mit Wasser bei geschlossenem Deckel[1]. Der Energieregler ist so einzustellen, dass das Wasser gerade kocht. Die Prüfung ist fünfmal durchzuführen. Aus den einzelnen Prüfergebnissen ist der arithmetische Mittelwert zu bilden.

$$\overline{P}_{st} = \frac{1}{5} \sum_{i=1}^{5} P_{st,i} \tag{11.1}$$

---

[1] In DIN EN 61000-3-3 (VDE 0838-3):2002-05, A1.1.a wird nicht ausdrücklich gesagt, ob die Prüfung mit oder ohne Deckel erfolgen soll. Diesbezüglich ist das deutsche Vorwort der Norm zu beachten.

$$\bar{d}_c = \frac{1}{5} \sum_{i=1}^{5} d_{c,i} \tag{11.2}$$

$$\bar{d}_{max} = \frac{1}{5} \sum_{i=1}^{5} d_{max,i} \tag{11.3}$$

Die Mittelwerte müssen die zulässigen Grenzwerte einhalten.

In der Praxis ergeben sich Probleme bei der Beurteilung des Kochbilds, d. h., der Punkt „Wasser kocht gerade", ist nicht sicher zu ermitteln. Die Prüferfahrung lehrt jedoch, dass bei unabhängigen Prüfungen die Mittelwerte $\bar{P}_{st}$, $\bar{d}_c$, $\bar{d}_{max}$ vergleichbare Ergebnisse liefern.

Wasserverluste durch Verdampfen sind während der Prüfung auszugleichen. Es empfiehlt sich, heißes Wasser nachzufüllen.

● **Brat-Temperatur-Bereich**

In diesem Bereich werden die Fortkocheigenschaften (Braten) abgeprüft. Die eingestellte Temperatur bleibt für einen längeren Zeitraum erhalten.

Der Topf, ohne Deckel, ist mit Silikon-Öl zu füllen.

Durchmesser/Höhe	145 mm/140 mm	180 mm/140 mm	220 mm/120 mm
Ölmenge	1500 g ± 50 g	2250 g ± 50 g	3000 g ± 50 g

Tabelle 11.2 Öl-Füllmengen

Der Energieregler ist so einzustellen, dass sich in der Mitte des Topfs eine Öltemperatur von 180 °C einstellt. Die Temperatur ist mit einem Thermoelement zu messen.

In der Praxis ist eine Temperatur von 180 °C nicht exakt einstellbar. Dies gilt insbesondere dann, wenn der Energieregler nur eine stufige Einstellung zulässt. Es wird als ausreichend angesehen, wenn die Temperatur im Bereich 180 °C ± 5 °C (nicht normativ) gehalten wird. Während der Messung sollte die Energiezufuhr nicht verändert werden.

● **Gesamtbereich der Leistungsstufen**

Der gesamte Leistungsbereich ist während einer Beobachtungsdauer von 10 min kontinuierlich zu durchfahren. Wenn die Regler-Schalter diskrete Stufen haben, dann sind alle Stufen, höchstens jedoch 20 Stufen, zu prüfen. Falls keine diskreten Stufen vorhanden sind, dann ist der gesamte Einstellbereich in zehn gleiche (Skalen-)Bereiche zu unterteilen. Die Messungen müssen im höchsten Leistungsbereich beginnen.

11.1.3 Mikrowellengeräte

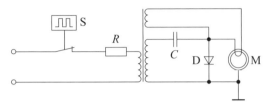

Bild 11.6 Mikrowellengerät – Grundschaltung
S – Steuereinheit, M – Magnetron

Im Mikrowellengerät werden Speisen durch Mikrowellen erwärmt. Die durchschnittliche Benutzungsdauer liegt bei etwa 33 min/Tag. Darunter fallen etwa 4 × 2 min Betrieb mit maximaler Leistung (z. B. Wiedererwärmen bereits gegarter Speisen, Fertiggerichte u. Ä.), etwa 1 × 10 min maximaler Leistung (Erhitzen großer Flüssigkeitsmengen) sowie etwa 15 min Betrieb mit reduzierten Leistungen (Taktbetrieb: Kartoffeln, Gemüse garen, auftauen u. Ä.). Nur der Taktbetrieb ist flickerrelevant.

Der Mikrowellenerzeuger ist eine selbsttätig in Eigenresonanz anschwingende Hochfrequenzröhre (Magnetron M). Diese benötigt neben einer Heizspannung (3,3 V/10,5 A) eine Gleichspannung von 3,8 kV bis 4,3 kV. Die hohe Gleichspannung wird mittels einer Einweg-Spannungsverdopplerschaltung erzeugt: In der negativen Netzhalbschwingung (Diode in Durchlassrichtung) wird der Kondensator C (Richtwert: 0,8 µF bis 1,3 µF/2100 V, 10 kV Sperrspannung) aufgeladen. In der anderen Netzhalbschwingung sperrt die Diode; am Magnetron liegen die positive Netzhalbschwingung und die negative Kondensatorspannung (Spannungsverdopplung). Unter dem Einfluss dieser hohen Spannung (etwa 4 kV) werden die aus dem Glühfaden austretenden Elektronen zur Anode hin beschleunigt. Ein starkes, durch Permanentmagnete erzeugtes Magnetfeld sorgt dafür, dass die Elektronen nicht geradlinig zu den Anoden fliegen, sondern auf Zykloidenbahnen abgelenkt werden. Die Elektroden treten völlig ungeordnet aus der glühenden Katode aus. Am ringförmig geschlossenen Resonator des Magnetrons baut sich durch die im chaotischen Elektronenstrom immer enthaltenen, bezüglich Geschwindigkeit und Phasenlagen „richtigen" Elektronen ein in Resonanzfrequenz umlaufendes Feld auf. Beim Passieren des Resonators geben die nachfolgenden Elektronen den größten Teil ihrer kinetischen Bewegungsenergie an dieses umlaufende Feld ab. Die Feldenergie kann aus dem Resonator ausgekoppelt und dem Gargut zugeführt werden.

Unterschiedliche Leistungsstufen werden durch Takten, d. h. Ein-/Ausschalten der gesamten Speiseschaltung, erreicht. In den meisten Fällen liegt die gewählte Zykluszeit T_{zyk} zwischen 18 s bis 35 s. Innerhalb dieses Abschnitts wird die Mikrowelle jeweils einmal für eine bestimmte Zeit eingeschaltet. Nach dem Einschalten ist zunächst der Einschaltspitzenstrom des Transformators (TI) wirksam, danach folgen die Abschnitte „Vorheizen des Magnetrons (V)" (etwa 1,4 s) und „Einschwingen des

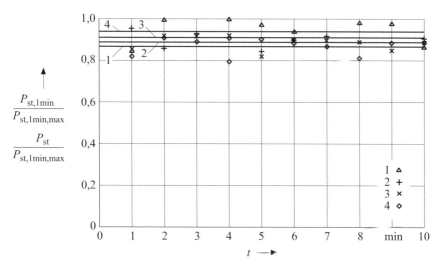

Bild 11.7a Mikrowelle, ein Liter Wasser erhitzen, Flickerstärke in Abhängigkeit von der Leistung

1 $p = P/P_{max} = \ \ 90\ \text{W}/800\ \text{W} = 11{,}25\ \%$

2 $p = P/P_{max} = 180\ \text{W}/800\ \text{W} = 22{,}5\ \%$

3 $p = P/P_{max} = 360\ \text{W}/800\ \text{W} = 45\ \%$

4 $p = P/P_{max} = 600\ \text{W}/800\ \text{W} = 75\ \%$

$P_{st}/P_{st,1\,min,max}$ als durchgezogene Linie dargestellt

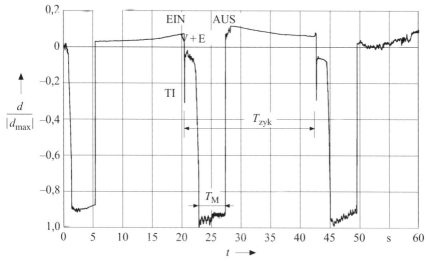

Bild 11.7b Mikrowelle, einen Liter Wasser erhitzen, $p = T_M/T_{zyk} = 180\ \text{W}/800\ \text{W} = 22{,}5\ \%$
relativer Spannungsänderungsverlauf $d(t)/|d_{max}|$

179

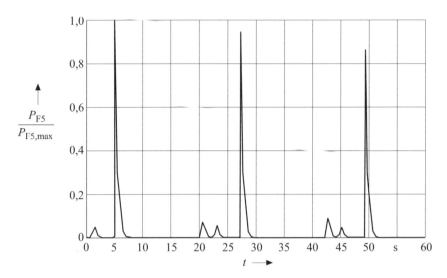

Bild 11.7c Mikrowelle, einen Liter Wasser erhitzen, $p = T_M/T_{zyk} = 180\ \text{W}/800\ \text{W} = 22{,}5\ \%$
Signal am Ausgang 5 des Flickermeters, $P_{F5}/P_{F5,max}$

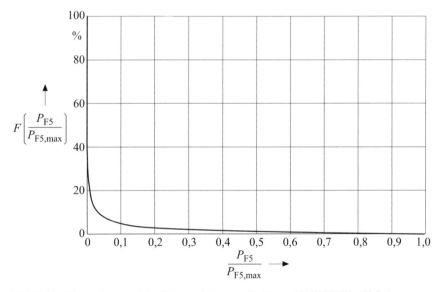

Bild 11.7d Mikrowelle, einen Liter Wasser erhitzen, $p = T_M/T_{zyk} = 180\ \text{W}/800\ \text{W} = 22{,}5\ \%$
Summenhäufigkeitsfunktion $F(P_{F5}/P_{F5,max})$

Magnetrons (E)" (etwa 400 ms). Während des „Einschaltvorgangs" steigt der Strom über einen Zeitraum von etwa 1,6 s stufig an; der zugehörige Spannungsänderungsverlauf ist gekennzeichnet durch lange Rampenzeiten (**Bild 11.7**). Das Signal am Ausgang 5 ist zu diesem Zeitpunkt wenig ausgeprägt. Flickerwirksam ist hingegen das „harte" Ausschalten.

Eine Neuentwicklung stellen Mikrowellengeräte mit Schaltnetzteil dar. Mit einem Inverter-Netzteil wird eine echte Leistungsreduzierung erreicht.

11.1.3.1 Prüfbedingungen für Mikrowellengeräte

Mikrowellengeräte oder die Mikrowellen-Funktion in Kombinationsgeräten sind im niedrigsten, im mittleren und in einem dritten Einstellbereich zu prüfen, welcher der höchsten einstellbaren Leistung kleiner oder gleich 90 % der maximalen Leistung entspricht. Das Mikrowellengerät oder der Ofen ist mit einem Glasgefäß mit (1000 g ± 50 g) Wasser zu beladen.

Für Mikrowellengeräte, die ausschließlich für den Hausgebrauch vorgesehen sind, ist die Ermittlung des P_{lt}-Werts nicht erforderlich. Ermittelt werden d_c, d_{max} und P_{st}.

11.2 Waschmaschinen

Der Betrieb von Waschmaschinen ist durch unterschiedliche Lastarten gekennzeichnet. In Abhängigkeit vom eingestellten Waschprogramm werden Lastwechsel durch Zu- und Abschalten der Heizung und durch Motoranläufe hervorgerufen.

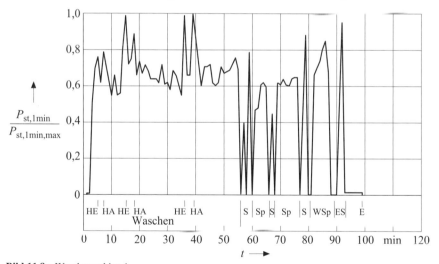

Bild 11.8a Waschmaschine 1
Verlauf der auf $P_{st,1min,max}$ bezogenen $P_{st,1min}$-Werte
HE – Heizung Ein, HA – Heizung Aus, S – Schleudern, Sp – Spülen, Wsp – Weichspülen,
ES – Endschleudern, E – Ende

181

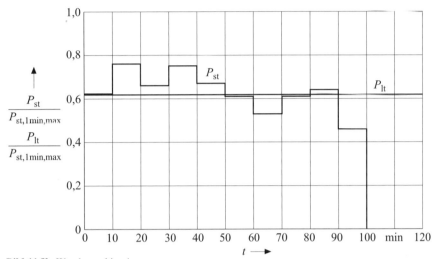

Bild 11.8b Waschmaschine 1,
Verlauf der auf $P_{st,1min,max}$ bezogenen P_{st}- und P_{lt}-Werte

Bild 11.8, **Bild 11.9** und **Bild 11.10** zeigen Flickermessungen an Waschmaschinen unterschiedlicher Hersteller. Die Beladung hat nur einen geringen Einfluss auf das Flickerverhalten (Bild 11.10).

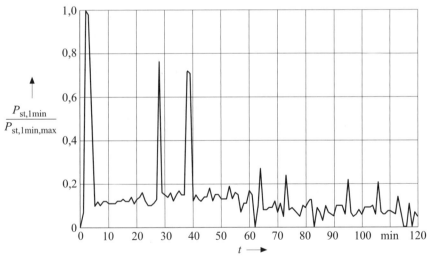

Bild 11.9a Waschmaschine 2, 60-°C-Waschprogramm
Verlauf der auf $P_{st,1min,max}$ bezogenen $P_{st,1min}$-Werte

182

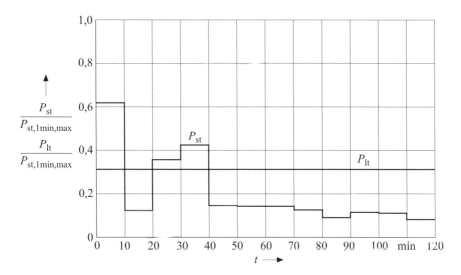

Bild 11.9b Waschmaschine 2, 60-°C-Waschprogramm
Verlauf der auf $P_{st,1min,max}$ bezogenen P_{st}- und P_{lt}-Werte

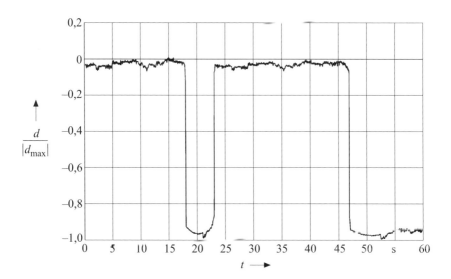

Bild 11.9c Waschmaschine 2, 60-°C-Waschprogramm, Heizung Ein/Aus
relativer Spannungsänderungsverlauf $d(t)/|d_{max}|$

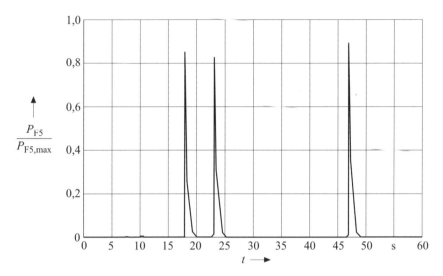

Bild 11.9d Waschmaschine 2, 60-°C-Waschprogramm, Heizung Ein/Aus
Signal am Ausgang 5 des Flickermeters, $P_{F5}/P_{F5,max}$

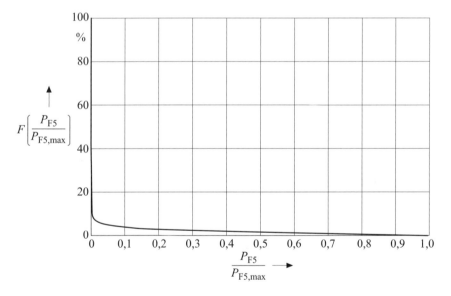

Bild 11.9e Waschmaschine 2, 60-°C-Waschprogramm, Heizung Ein/Aus
Summenhäufigkeitsfunktion $F(P_{F5}/P_{F5,max})$

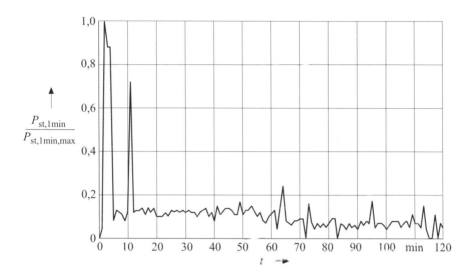

Bild 11.9f Waschmaschine 2, 30-°C-Waschprogramm
Verlauf der auf $P_{st,1min,max}$ bezogenen $P_{st,1min}$-Werte

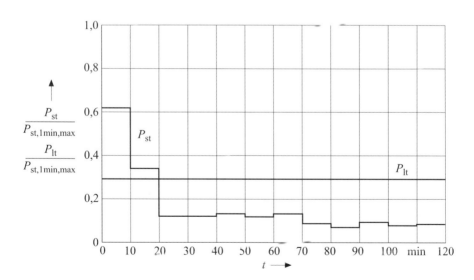

Bild 11.9g Waschmaschine 2, 30-°C-Waschprogramm
Verlauf der auf $P_{st,1min,max}$ bezogenen P_{st}- und P_{lt}-Werte

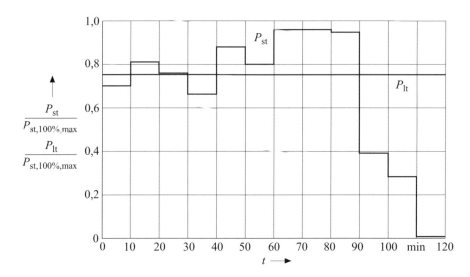

Bild 11.10a Verlauf der P_{st}- und P_{lt}-Werte, 50 % Beladung, 60-°C-Waschprogramm, bezogen auf den Maximalwert bei 100 % Beladung $P_{st,100\,\%,max}$

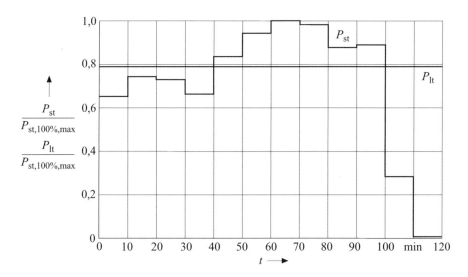

Bild 11.10b Verlauf der P_{st}- und P_{lt}-Werte, 100 % Beladung, 60-°C-Waschprogramm, bezogen auf den Maximalwert $P_{st,100\,\%,max}$

186

11.2.1 Prüfbedingungen für Waschmaschinen

Die Waschmaschine ist in einem vollständigen Waschprogramm zu prüfen, das den üblichen Waschzyklus einschließt, mit einer Füllung entsprechend den Festlegungen in DIN EN 61000-3-3 (VDE 0838-3):2002-05.

Gleichzeitiges Schalten von Heizung und Motor bleibt bei der Ermittlung von d_c, d_{max} und $d(t)$ unberücksichtigt.

P_{st} und P_{lt} sind zu ermitteln.

11.3 Prüfbedingungen für Wäschetrockner

Der Trockner ist mit 50 % der in der DIN EN 60335-2-11 (VDE 0700-11): 2004-02 [11.4] für den bestimmungsgemäßen Betrieb festgelegten Beladung zu füllen. Die DIN EN 61000-3-3/A2 (VDE 0838-3/A2):2004-07 [11.5] (derzeit Entwurf) sieht eine Änderung vor. Danach ist zum Betrieb des Trockners die Trommel mit Textilien zu füllen, die in trockenem Zustand eine Masse haben, die 50 % der in der Gebrauchsanweisung angegebenen Maximalbeladung entspricht.

Wenn ein Regler für den Trocknungsgrad vorhanden ist, dann ist die Prüfung bei der maximalen und minimalen Einstellung durchzuführen. P_{st} und P_{lt} sind zu ermitteln.

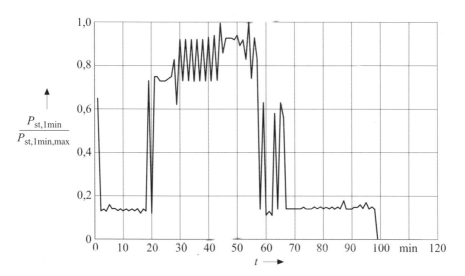

Bild 11.11a Trockner, maximale Einstellung
Verlauf der auf $P_{st,1min,max}$ bezogenen $P_{st,1min}$-Werte

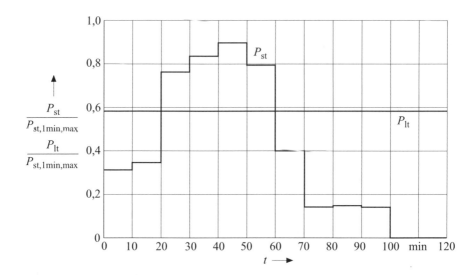

Bild 11.11b Trockner, maximale Einstellung
Verlauf der auf $P_{st,1min,max}$ bezogenen P_{st}- und P_{lt}-Werte

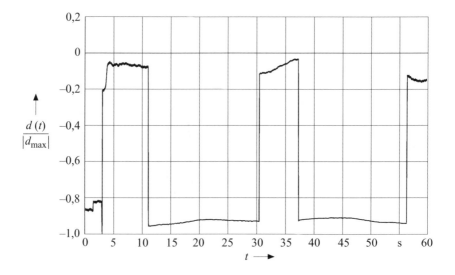

Bild 11.11c Trockner, maximale Einstellung,
relativer Spannungsänderungsverlauf $d\,(t)/|d_{max}|$, Heizung Ein-/Ausschalten

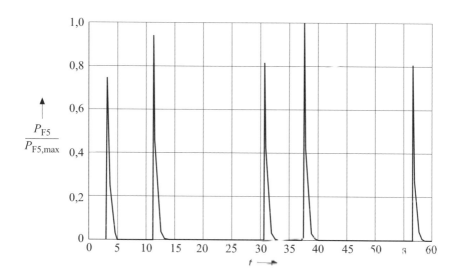

Bild 11.11d Trockner, maximale Einstellung
Signal am Ausgang 5 des Flickermeters, $P_{F5}/P_{F5,max}$

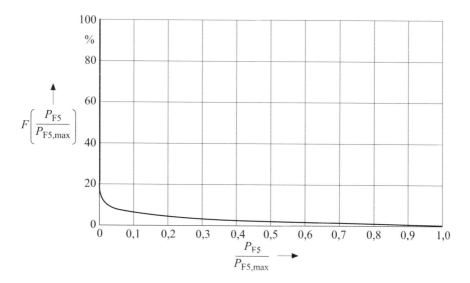

Bild 11.11e Trockner, maximale Einstellung
Summenhäufigkeitsfunktion $F(P_{F5}/P_{F5,max})$

189

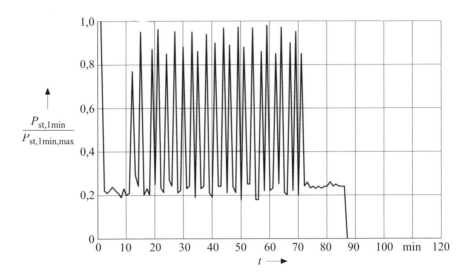

Bild 11.11f Trockner, minimale Einstellung
Verlauf der auf $P_{st,1min,max}$ bezogenen $P_{st,1min}$-Werte

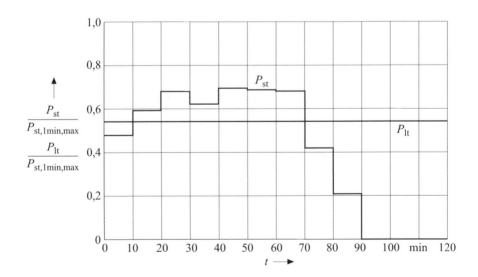

Bild 11.11g Trockner, minimale Einstellung
Verlauf der auf $P_{st,1min,max}$ bezogenen P_{st}- und P_{lt}-Werte

11.4   Prüfbedingungen für Spülmaschinen

Für Spülmaschinen sind keine besonderen Prüfbedingungen festgelegt. Es gelten die allgemeinen Anforderungen.

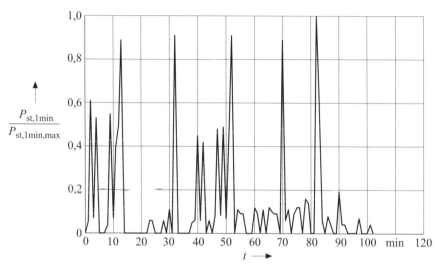

Bild 11.12a Spülmaschine, Verlauf der auf $P_{st,1min,max}$ bezogenen $P_{st,1min}$ Werte

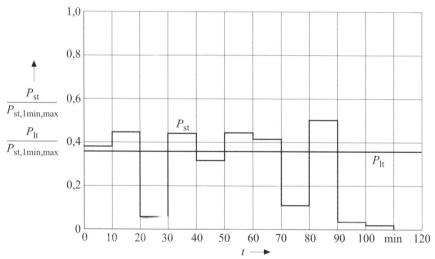

Bild 11.12b Spülmaschine, Verlauf der auf $P_{st,1min,max}$ bezogenen P_{st}- und P_{lt}-Werte

11.5 Prüfbedingungen für Kühlschränke

Kühlschränke müssen kontinuierlich mit geschlossener Tür betrieben werden. Der Thermostat ist auf den Mittelwert des Einstellbereichs einzustellen. Der Kühlraum muss leer und darf nicht beheizt sein. Die Prüfung ist nach Erreichen des eingeschwungenen Zustands durchzuführen. P_{st} und P_{lt} werden nicht ermittelt.

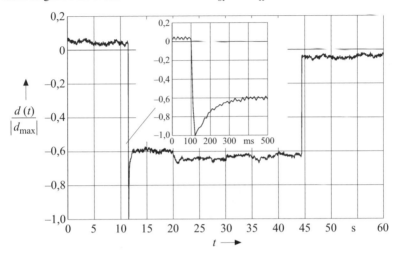

Bild 11.13a Kühlschrank, relativer Spannungsänderungsverlauf $d(t)/|d_{max}|$

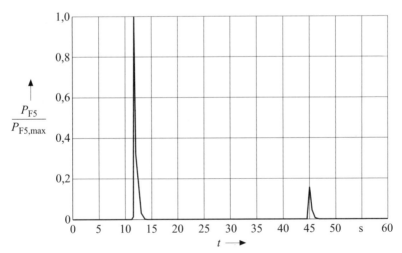

Bild 11.13b Kühlschrank, Signal am Ausgang 5 des Flickermeters, $P_{F5}/P_{F5,max}$

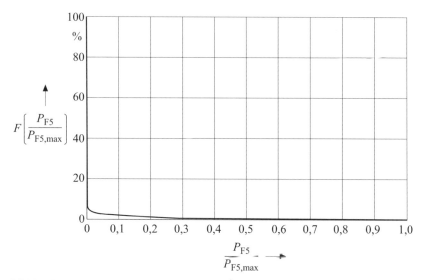

Bild 11.13c Kühlschrank, Summenhäufigkeitsfunktion $F(P_{F5}/P_{F5,max})$

11.6 Laserdrucker und Kopierer

11.6.1 Aufbau und Wirkungsweise

Laserdrucker und Kopierer arbeiten nach demselben Prinzip. Sie können deshalb gemeinsam betrachtet werden.

Eine Steuereinheit übernimmt die Steuerung aller internen Funktionsblöcke sowie die Kontrolle der Datenübertragung von und zum externen Gerät (i. A. ein Computer) beim Laserdrucker sowie die Belichtung beim Kopierer.

Dazu gehören u. a.

- der Start des Hauptmotors, der die Drehung der lichtempfindlichen Trommel und der Entwicklerwalze bewirkt
- die Aktivierung des Lasers und des Scannermotors
- die Aktivierung des Einzugs- und Zuführungssystems
- die Aktivierung des Hochspannungsnetzteils, das die Spannungen für die Korona und Heizelemente liefert

Die Druck-Erstellung gliedert sich in mehrere Schritte:

- **Erstellung einer verborgenen, elektrostatischen Abbildung**
  In dieser Stufe wird die zu druckende Abbildung in Form elektrostatischer Ladungen auf die Trommel aufgebracht. Dies geschieht in drei Schritten:

1. Löschung

Die Trommel wird dem Licht der Löschlampen ausgesetzt. Dadurch wird die Trommeloberfläche für das nachfolgende Aufbringen der elektrostatischen Ladung vorbereitet.

2. Primärkorona

Die Primärkorona bringt einen gleichmäßigen Bereich negativer Ladung beim Laserdrucker bzw. positiver Ladung beim Kopierer auf die gesamte Trommeloberfläche auf.

3. Belichtung

Beim Laserdrucker wird ein getakteter Laserstrahl über die Trommeloberfläche gelenkt. In den Bereichen, in denen der Laserstrahl auf die Trommel auftrifft, wird die Ladung neutralisiert. Die verbleibenden Ladungen formen die verborgene Abbildung.

Beim Kopierer wird die Vorlage durch die Belichtungslampen belichtet, und das reflektierte Originalbild wird über Spiegel und Linse auf die Trommel projiziert. Dadurch werden einzelne Trommelteile entladen. An den bedruckten Originalstellen bleibt die positive Aufladung der entsprechenden Trommelstellen erhalten. Dadurch entsteht ein Ladungsbild des Originals.

- **Entwicklungsstufe**

In dieser Stufe wird der negativ geladene Toner auf die Trommel aufgebracht.

Beim Laserdrucker besitzen die Bereiche auf der lichtempfindlichen Trommel, die dem Laserstrahl ausgesetzt waren, ein höheres Potential als der negativ geladene Toner. Beim Kopierer wird die verborgene Abbildung durch positive Ladungen gebildet. Durch diesen Potentialunterschied können die Tonerpartikel auf die Trommeloberfläche überspringen. Dieser Vorgang wandelt die verborgene elektrostatische Abbildung in eine sichtbare Tonerabbildung um.

- **Umdruckstufe**

In dieser Stufe wird die Tonerabbildung von der Trommeloberfläche auf das Papier übertragen. Dazu wird die Rückseite des Papiers von einer Transferkorona-Einheit positiv aufgeladen. Diese zieht die negativ geladenen Tonerpartikel von der Trommel auf das Papier.

- **Fixierstufe**

Durch Erhitzen des Papiers und unter Aufwendung von Druck verbindet die Fixiereinheit die Tonerpartikel mit der Papieroberfläche, um eine bleibende Abbildung zu erzeugen. Dazu wird das Papier zwischen zwei Walzen geführt, von der die Fixierwalze mittels eines innen liegenden Strahlheizkörpers auf eine konstante Temperatur von 195 °C gehalten wird (**Bild 11.14**). Die Temperaturregelung wird durch Zu- und Abschalten des Heizkörpers bei der Grobregelung und durch Schwingungspaketsteuerung bei der Feinregelung durchgeführt.

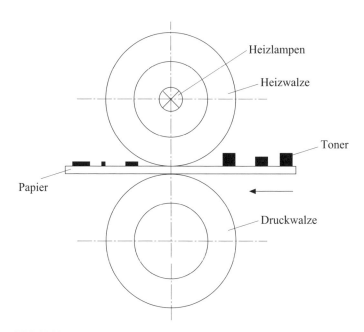

Bild 11.14 Fixiereinheit

Zeitablauf der Fixiertempratursteuerung (Beispiel Kopierer):

- Nach dem Einschalten steigt die Fixiertemperatur innerhalb von 2 min auf etwa 200 °C an.

- Beim Aufheizen wird der Heizwalzenmotor während der letzten 30 s eingeschaltet. Die Trommel wird in den letzten 5 s gelöscht.

- Nach dem Löschen beträgt die Fixiertemperatur etwa 190 °C.

- Beim Kopieren wird die Temperatur mit dem Heizstrahler auf etwa 195 °C gehalten. 60 s nach der letzten Kopie wird die Fixiertemperatur auf etwa 190 °C abgesenkt.

- Trommelreinigung

In **Bild 11.15** sind der Spannungsänderungsverlauf eines Laserdruckers im Standby-Betrieb mit dem zugehörigen Signal am Ausgang 5 des Flickermeters sowie die Summenhäufigkeitsfunktion dargestellt. Man erkennt den Einfluss der Temperaturregelung für die Fixierwalze. Charakteristisch sind die durch den Kaltstart der Heizlampen bedingten kurzzeitigen, hohen Spannungsänderungen, die flickerbestimmend sind. Für das Signal am Ausgang 5 gilt $P_{F5,Lampe-Ein}/P_{F5,Lampe-Aus}$ = 4 … 5. Würde man durch konstruktive Maßnahmen die Spannungsänderung beim

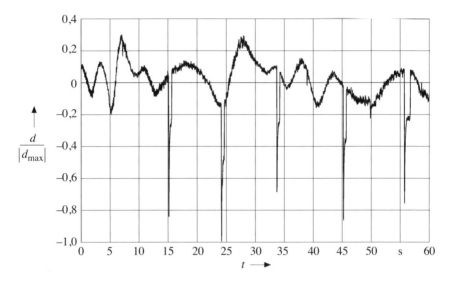

Bild 11.15a Laserdrucker, Stand-by-Betrieb (Bereitschaftsbetrieb)
relative Spannungsschwankung $d(t)/|d_{max}|$

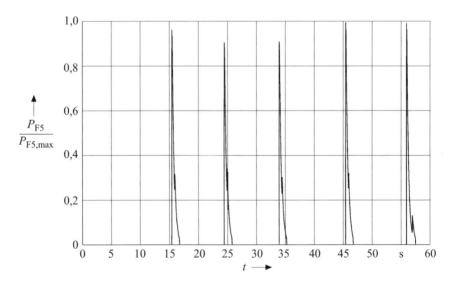

Bild 11.15b Laserdrucker, Stand-by-Betrieb (Bereitschaftsbetrieb)
Signal am Ausgang 5 des Flickermeters, $P_{F5}(t)$

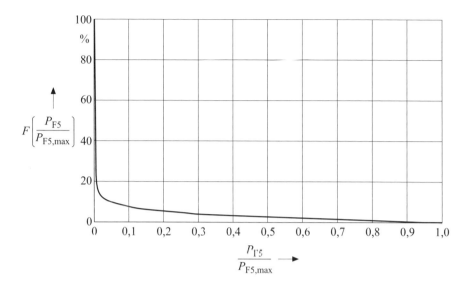

Bild 11.15c Laserdrucker, Stand-by-Betrieb (Bereitschaftsbetrieb)
Summenhäufigkeitsfunktion $F(P_{F5}/P_{F5,max})$

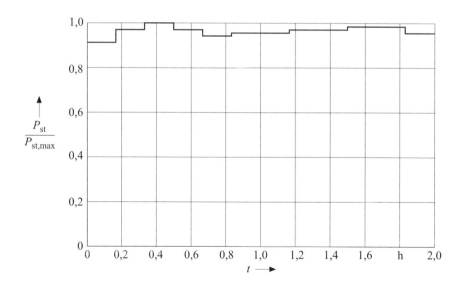

Bild 11.16 Zeitverlauf der P_{st}-Werte, Laserdrucker, Stand-by-Betrieb (Bereitschaftsbetrieb)

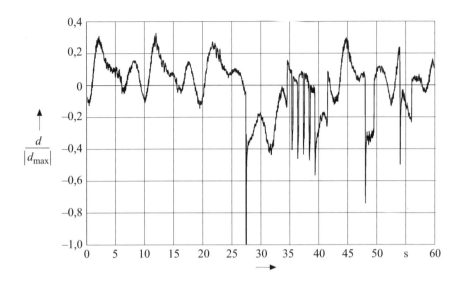

Bild 11.17a Laserdrucker, Druckbetrieb; relative Spannungsschwankung $d(t)/|d_{max}|$

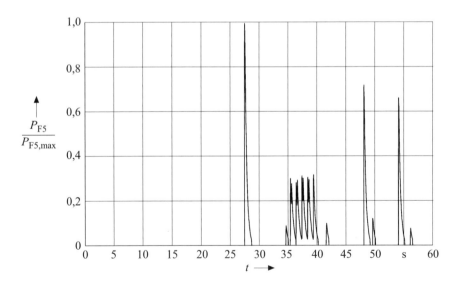

Bild 11.17b Laserdrucker, Druckbetrieb; Signal am Ausgang 5 des Flickermeters, $P_{F5}(t)$

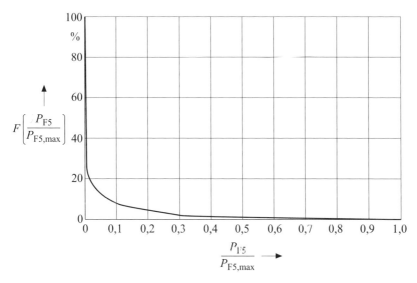

Bild 11.17c Laserdrucker; Druckbetrieb – Summenhäufigkeitsfunktion $F(P_{F5}/P_{F5,max})$

Einschalten der Heizlampe auf die Spannungsänderung beim Ausschalten begrenzen, dann würde der zugehörige P_{st}-Wert auf etwa 60 % reduziert werden. Der Zeitverlauf der P_{st}-Werte im Stand by-Betrieb ist in **Bild 11.16** dargestellt; der Laserdrucker erzeugt einen nahezu gleich bleibenden Flickerpegel. Im Druckbetrieb treten zusätzlich die durch die Nachheizung hervorgerufenen Spannungsänderungen auf (**Bild 11.17**), die den Flickerpegel um 10 % bis 20 % erhöhen.

Beim Kopierer treten vergleichbare Spannungsänderungsverläufe auf. Aus dem Signal am Ausgang 5 des Flickermeters $P_{F5}(t)$ ist deutlich das Pulsen der Heizlampen zu erkennen (**Bild 11.18** und **Bild 11.19**).

In Abhängigkeit von der Betriebsart wurden folgende, auf den Stand-by-Betrieb bezogene Werte ermittelt (Beispiel):

Stand-by-Betrieb $P_{st,1min}/P_{st,1min,max} = 1,00$

Druckbetrieb, 1 Kopie $P_{st,1min}/P_{st,1min,max} = 1,21$

Druckbetrieb, 2 Kopien $P_{st,1min}/P_{st,1min,max} = 1,83$

Druckbetrieb, 8 Kopien $P_{st,1min}/P_{st,1min,max} = 1,97$

Die Höhe der Flickerstärke ist bei Laserdrucker und Kopierer im Druckbetrieb vom verwendeten Papiergewicht abhängig, jedoch unabhängig von der Druckdichte der Vorlage.

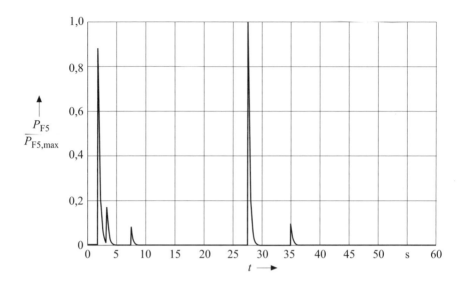

Bild 11.18a Kopierer, Einzelkopie
Signal am Ausgang 5 des Flickermeters $P_{F5}/P_{F5,max}$

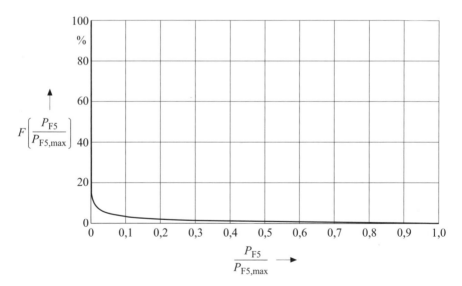

Bild 11.18b Kopierer, Einzelkopie
Summenhäufigkeitsfunktion $F(P_{F5}/P_{F5,max})$

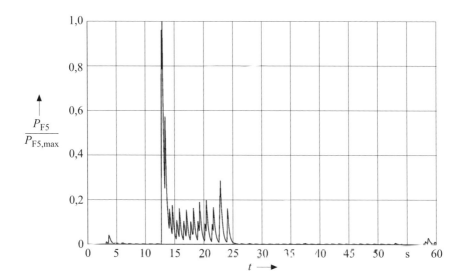

Bild 11.19a Kopierer, mehrfach doppelseitig kopieren
Signal am Ausgang 5 des Flickermeters, $P_{F5}/P_{F5,max}$

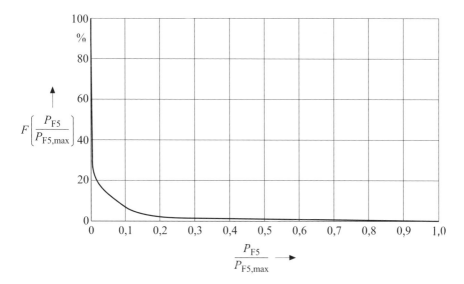

Bild 11.19b Kopierer, mehrfach doppelseitig kopieren
Summenhäufigkeitsfunktion $F(P_{F5}/P_{F5,max})$

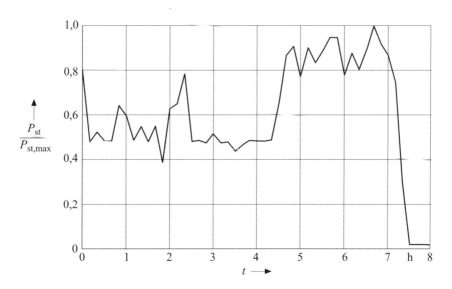

Bild 11.20 Kopierer, Zeitverlauf der Flickerstärke während eines achtstündigen Betriebs (Büro)

Bild 11.20 zeigt den Tagesgang der Flickerstärke, gemessen am Anschlusspunkt eines Kopierers, während der achtstündigen Betriebsdauer in einem Büro.

Kopierer können, insbesondere bei hohen Installationsimpedanzen in Gebäuden, hohe Flickerpegel erzeugen. Dies gilt insbesondere für die Häufung solcher Geräte, z. B. in Copy-Shops [11.6].

11.6.2 Prüfbedingungen für Laserdrucker und Kopierer

Das Gerät ist zur Ermittlung des P_{st}-Werts bei der maximalen Kopierrate zu prüfen. Als Kopier- bzw. Druckvorlage ist weißes, unbeschriebenes Papier zu verwenden. Das Papier, auf das kopiert wird, muss eine flächenbezogene Masse von 80 g/m^2 besitzen, falls vom Hersteller nichts anderes vorgeschrieben wird.

Der P_{lt}-Wert ist im Bereitschaftsbetrieb zu ermitteln.

11.7 Prüfbedingungen für Staubsauger

Für Staubsauger sind P_{st} und P_{lt} nicht zu ermitteln.

Die Anlaufströme von Staubsaugern liegen in der Größenordnung von 35 A bei 800-W-Geräten, 65 A bei 1200-W-Geräten. Eingesetzt werden Universalmotoren.

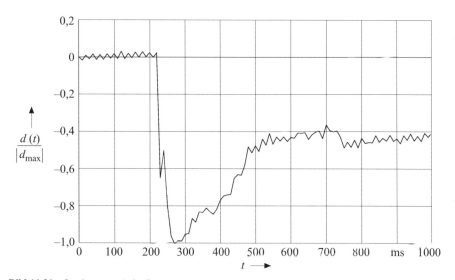

Bild 11.21a Staubsauger; Anlauf;
relativer Spannungsänderungsverlauf $d(t)/|d_{max}|$

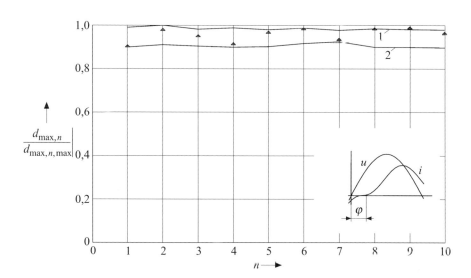

Bild 11.21b Staubsauger; relative maximale Spannungsänderung $d_{max,n}$, bezogen auf den Maximalwert $d_{max,n,max}$ bei $n = 10$ Versuchen, in Abhängigkeit vom Einschaltwinkel φ
(1) $\varphi = 0°$, (2) $\varphi = 90°$, ↑ φ zufällig

203

Eine Anlaufstrombegrenzung wird nur bei Geräten mit Leistungen > 1100 W durchgeführt. Stirn- und Rückenzeiten des dreieckförmigen Spannungsänderungsverlaufs liegen in der Größenordnung 20/250 ms. Die Schalthäufigkeit beträgt etwa 2,5/Tag. Staubsauger werden manuell geschaltet. Das d_{max}-Kriterium wird von Staubsaugern mit Leistungen < 1000 W ohne zusätzliche Maßnahmen eingehalten. Bei warmem Motor sind die d_{max}-Werte etwa 20 % niedriger gegenüber dem Einschalten des kalten Motors (Herstellerangabe).

Die relative Spannungsänderung ist abhängig vom Einschaltwinkel φ. Diese Abhängigkeit wird durch Anwenden eines statistischen Verfahrens im Anhang B von DIN EN 61000-3-3 (VDE 0838-3):2002-05 berücksichtigt.

11.8 Prüfbedingungen für tragbare Elektrowerkzeuge

Für tragbare Elektrowerkzeuge ist P_{lt} nicht zu ermitteln; für tragbare Elektrowerkzeuge ohne Heizelement ist P_{st} ebenfalls nicht zu ermitteln. Für tragbare Elektrowerkzeuge mit Heizelementen ist der P_{st}-Wert wie folgt zu ermitteln:

Das Gerät ist einzuschalten und kontinuierlich 10 min oder bis zur automatischen Abschaltung zu betreiben. Bei automatischer Abschaltung ist das Gerät in kürzester Zeit wieder in Betrieb zu setzen.

Geräte kleinerer Leistung werden vorwiegend im Heimwerkerbereich eingesetzt. Die relative Nutzungsdauer dieser Geräte ist gering.

Beispiele

Bohrmaschinen und Bohrhämmer	< 800 W
Winkelschleifer	600 W ... 1400 W

Geräte größerer Leistung finden vorwiegend im gewerblichen Bereich Verwendung.

Beispiele

Diamantbohrmaschine	1800 W
Kreissägen	1600 W
Oberfräsen	1600 W
Aufbruchhämmer	1800 W

Eingesetzt werden Universalmotoren, die robust, preiswert und weit verbreitet sind. Alle Geräte laufen im Leerlauf an – Anlaufzeit etwa 160 ms. Das 500-ms-Kriterium führt zu keiner Begrenzung. Der Anlaufstrom liegt bei 1100 W in der Größenordnung von 38 A. Die Leistungsgrenze wird durch das d_{max}-Kriterium festgelegt. Beispiel 1800-W-Hammer → d_{max} = 7 % ... 8 %.

Die Anlaufhäufigkeit von großen Winkelschleifern, Diamantbohrmaschinen, Aufbruchhämmern ist im Mittel < 6/h (Herstellerangaben).

11.8.1 Bohrhammer

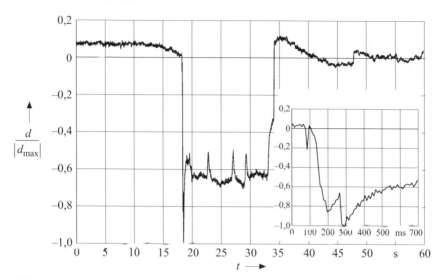

Bild 11.22a Bohrhammer; relativer Spannungsänderungsverlauf $d(t)/|d_{max}|$

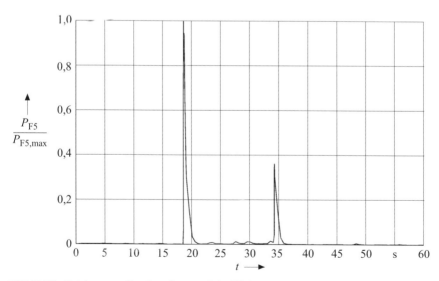

Bild 11.22b Bohrhammer; Signal am Ausgang 5 des Flickermeters, $P_{F5}/P_{F5,max}$

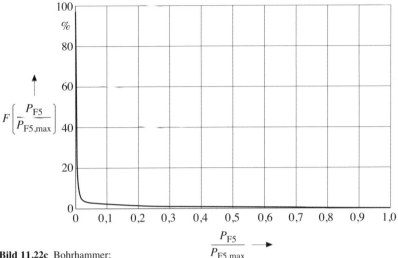

Bild 11.22c Bohrhammer;
Summenhäufigkeitsfunktion $F(P_{F5}/P_{F5,max})$

11.8.2 Tacker

Elektro-Tacker entnehmen dem Netz einen Pulsstrom (Dauer: eine Halbschwingung). Strombegrenzende Maßnahmen sind derzeit (nach Herstellerangabe) nicht möglich. Geprüft wird auf Einhaltung des d_{max}-Kriteriums.

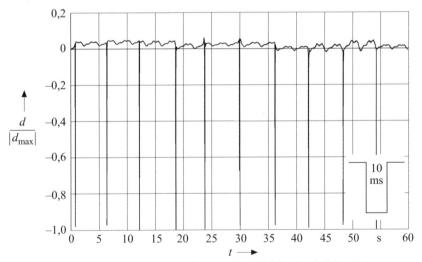

Bild 11.23a Tacker; relativer Spannungsänderungsverlauf $d(t)/|d_{max}|$, mehrfaches Tackern

206

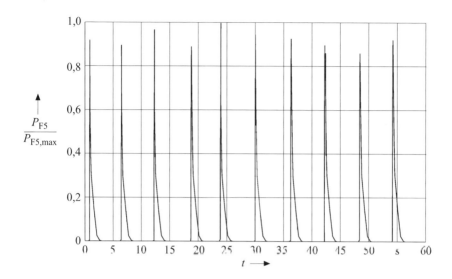

Bild 11.23b Tacker; Signal am Ausgang 5 des Flickermeters, $P_{F5}/P_{F5,max}$, mehrfaches Tackern

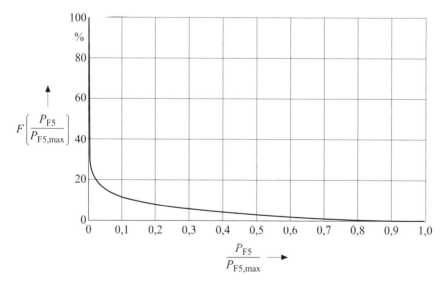

Bild 11.23c Tacker; Summenhäufigkeitsfunktion $F(P_{F5}/P_{F5,max})$, mehrfaches Tackern

11.9   Prüfbedingungen für Haartrockner

Für handgehaltene Haartrockner ist P_{lt} nicht zu ermitteln. Für die Ermittlung des P_{st}-Werts ist der Haartrockner einzuschalten und kontinuierlich 10 min oder bis zur

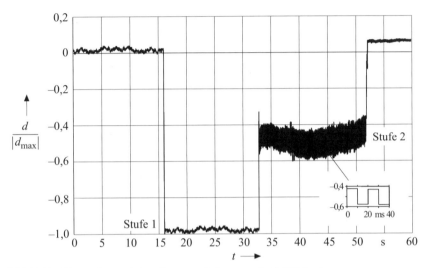

Bild 11.24a Haartrockner; relativer Spannungsänderungsverlauf $d(t)/|d_{max}|$

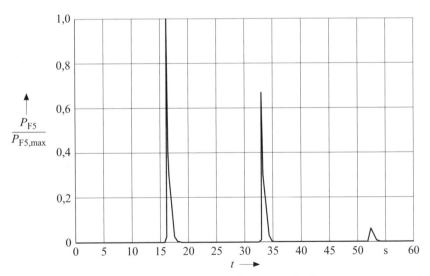

Bild 11.24b Haartrockner; Signal am Ausgang 5 des Flickermeters, $P_{F5}/P_{F5,max}$

208

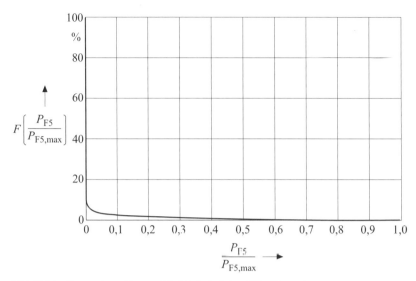

Bild 11.24c Haartrockner; Summenhäufigkeitsfunktion $F(P_{F5}/P_{F5,max})$

automatischen Abschaltung zu betreiben. Bei automatischer Abschaltung ist das Gerät in kürzestmöglicher Zeit wieder in Betrieb zu setzen.

Für Haartrockner mit einstellbarem Leistungsbereich ist der gesamte Leistungsbereich kontinuierlich während einer Beobachtungsdauer von 10 min zu durchfahren. Wenn die Regler diskrete Stufen haben, dann sind alle Stufen, höchstens jedoch 20 Stufen, zu prüfen. Falls keine diskreten Stufen vorhanden sind, dann ist der gesamte Einstellbereich in zehn gleiche (Skalen-)Bereiche zu unterteilen. Die Messungen müssen im höchsten Leistungsbereich beginnen.

Bei handgehaltenen Haartrocknern wird vielfach eine Leistungshalbierung durch Halbschwingungsgleichrichtung erreicht.

11.10 Elektronische Durchlauferhitzer

11.10.1 Aufbau und Wirkungsweise

In einem Durchlauferhitzer wird das Wasser durch einen Heizblock geleitet und erwärmt. Durchlauferhitzer sind als Geräte höherer Leistung als Drehstromgeräte ausgeführt. Sie besitzen in der Regel vier bis fünf Heizwiderstände, die auf die einzelnen Außenleiter aufgeteilt sind. Die Heizwiderstände sind entweder einzeln oder in Gruppen zusammengefasst, im Dreieck geschaltet (**Bild 11.25**). Die Leistungssteuerung wird durch Schalten oder Takten (Halbschwingungssteuerung) durchgeführt. Die Heizwiderstände R_{H1}, R_{H2} werden durch die Schalter S1, S2, S3, S4 zu-

oder abgeschaltet. Die Heizwiderstände R_{H3}, R_{H4} können über die Triacs T1, T2 zu- oder abgeschaltet und getaktet werden. Die Schalter S1 bis S5 und die Triacs T1, T2 werden von einer Steuereinheit angesteuert. Die Schalterstellungen und die Zünd-folge der Triacs in Abhängigkeit von der notwendigen Leistung zur Erhitzung des Wassers sind in der folgenden Tabelle für $R_{H1} = R_{H2} = 6{,}0$ kW und $R_{H3} = R_{H4} = 3{,}0$ kW zusammengestellt.

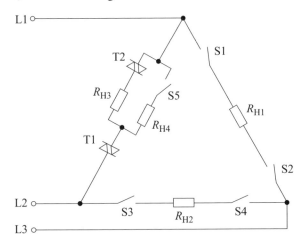

Bild 11.25 Prinzipschaltbild eines elektronisch geregelten 18-kW-Durchlauferhitzers
$S_1 \ldots S_5$ elektronische Schalter

Aus **Tabelle 11.3** entnimmt man z. B., dass im Leistungsbereich 0 kW bis 3 kW der Schalter S5 geschlossen und der Triac T1 pulsend geschaltet, d. h. getaktet wird. Die Triacs T1 und T2 werden entsprechend einem vorgegebenen Pulsmuster gezündet.

Triac/ Schalter	0–3 kW	3–6 kW	6–9 kW	9–12 kW	12–15 kW	15–18 kW
S1	O	O	O	O	D	D
S2	O	O	O	O	D	D
S3	O	O	D	D	D	D
S4	O	O	D	D	D	D
S5	D	D	D	D	D	D
T1	T	D	T	D	T	D
T2	O	T	O	T	O	T

Tabelle 11.3 Zündfolge der Triacs
O offen D dauernd durchgeschaltet T getaktet

210

Der Durchlauferhitzer ist im Volllastbetrieb eine symmetrische Drehstromlast, im Teillastbetrieb wird er jedoch wie eine Zweiphasenlast zwischen zwei Außenleitern betrieben. Das Lastabwurfrelais ist entsprechend DIN 44851 an den Außenleiter L2 anzuschließen. Bei der Leistungsregelung ist darauf zu achten, dass der Leiter L2 immer Strom führt.

In dem obigen Beispiel beträgt die maximale, gepulste Leistung 3,0 kW. Dies liefert für den zweiphasigen Anschluss an der Bezugsimpedanz zwischen zwei Außenleitern:

$$\frac{d_{max}}{\%} = 0,3\frac{\Delta P_L}{kW}$$
$$= 0,3 \cdot 3 = 0,9$$

Verwendet man zur Leistungsregelung die in Tabelle 7.1 angegebenen Pulsmuster, dann ist die Leistungseinstellung über den gesamten Leistungsbereich feinstufig mit $\Delta P = 100$ W möglich. Der maximale P_{st}-Wert beträgt dann

$$P_{st,max} = 0,68 \cdot \frac{0,9\,\%}{1,0\,\%} = 0,61$$

Die Zu- bzw. Abschaltung der Heizwiderstände R_{H1} bzw. R_{H2} liefert

$$\frac{d_{max}}{\%} = 0,3\frac{\Delta P_L}{kW}$$
$$= 0,3 \cdot 6 = 1,8$$

und im 1-min-Intervall mit

$$P_{st,1\,min} = 0,365 \cdot \left|\frac{d_{max}}{\%}\right|$$
$$= 0,365 \cdot 1,8 = 0,66$$

Die berechneten Werte gelten für den stationären Betrieb. Während des Betriebs sind jedoch Schaltungen in den Leistungsstufen möglich, um z. B. die Wassertemperatur der veränderten Durchflussmenge anzupassen. Auch bei der Typprüfung nach DIN EN 61000-3-3 (VDE 0838-3):2002-05 können infolge Druckschwankungen Leistungsstufen gewechselt werden. Bei der Entwicklung ist darauf zu achten, dass sich durch den Wechsel von Pulsmustern keine ungünstigen resultierenden Pulsmuster ergeben. Ebenso ist darauf zu achten, dass häufige Grobschaltungen von R_{H1} und R_{H2} vermieden werden.

Ziel der Leistungsregelung ist es, die vorgewählte Auslauftemperatur ϑ_a bei veränderlicher Durchflussmenge Q und Einlauftemperatur ϑ_e mit einer geringen Abweichung $< \pm 1$ °C konstant zu halten.

Ausgehend vom Joule'schen Gesetz

$$P = m \cdot c \left(\vartheta_a - \vartheta_e \right)$$ (11.4)

mit

P = Leistung in kcal
m = Masse in kg
c = spezifische Wärme
für Wasser $c = 1$ kcal/(kg °C)
ϑ_a = Außlauftemperatur in °C
ϑ_e = Einlauftemperatur in °C

erhält man unter Berücksichtigung von

$$m = \rho Q$$ (11.5)

mit

m = Masse in kg
ρ = spezifisches Gewicht
für Wasser: $\rho = 1$ kg/dm^3 = 1 kg/l
Q = Durchflussmenge in l/min

und dem elektrischen Wärmeäquivalent

1 kcal = 4180 Ws

die folgende Zahlenwertgleichung für die Berechnung der erforderlichen elektrischen Leistung P, in Abhängigkeit von der Durchflussmenge und der Temperaturdifferenz zwischen Auslauf- und Einlauftemperatur $\vartheta_a - \vartheta_e$:

$$\frac{P}{W} = 69,6 \frac{Q}{l / \min} \cdot \frac{\Delta \vartheta}{°C}$$ (11.6)

Bild 11.26 zeigt die Auswertung von Gl. (11.6). Man erkennt, dass z. B. bei einer Temperaturdifferenz von $\Delta \vartheta = 20$ °C und einer Durchflussmenge von 8 l/min eine Heizleistung von 11,14 kW benötigt wird, um die Temperatur konstant zu halten. Die Kurvenscharen werden begrenzt durch die zur Verfügung stehende Geräteleistung.

In der Praxis sind unterschiedliche Verfahren zur Leistungsregelung von Durchlauferhitzern in Gebrauch [11.7, 11.8].

Die Überprüfung der zulässigen Störaussendung von Durchlauferhitzern mit elektronischer Regelung erfolgt nach dem in DIN EN 61000-3-3 (VDE 0838-3):2002-05 [11.9] angegebenen Prüfverfahren. Gemessen und beurteilt werden die Außenleiter-Neutralleiter-Spannungen.

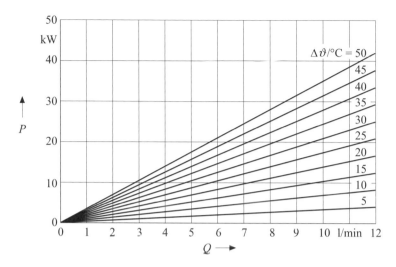

Bild 11.26 Notwendige Heizleistung, um bei vorgegebener Durchflussmenge Q und Temperaturdifferenz $\Delta\vartheta = \vartheta_a - \vartheta_e$ die Auslauftemperatur ϑ_a konstant zu halten

11.10.2 Prüfbedingungen für Durchlauferhitzer mit elektronischer Regelung

Die Auslauftemperatur des Wassers ϑ_a ist so zu wählen, dass durch Variation der Durchflussmenge alle elektrischen Leistungsbereiche zwischen P_{min} und P_{max} eingestellt werden. P_{max} ist die maximale Leistung, $P_{min} > 0$ die minimale Leistung, die erreicht werden kann.

Der eingestellte Temperaturwert bleibt während der gesamten Prüfung unverändert.

Die Prüfung wird für zwei unterschiedliche Betriebszustände durchgeführt:

1. **Selbstregelnder Betrieb (Schwingungspaketsteuerung)**

   Die Durchflussmenge ist in etwa 20, möglichst äquidistanten Stufen zu verringern, beginnend bei der für die maximale Leistungsaufnahme P_{max} erforderlichen Durchflussmenge bis zur minimalen Leistungsaufnahme P_{min}. Anschließend ist die Durchflussmenge in etwa 20 möglichst äquidistanten Stufen bis zur maximalen Leistungsaufnahme P_{max} zu erhöhen. Für jede dieser etwa $N = 40$ Stufen ist der $P_{st\,i}$-Wert zu ermitteln. Die Messung ist erst nach Erreichen des eingeschwungenen Zustands zu starten, d. h. etwa 30 s nach Änderung der Durchflussmenge.

   Die Messung der $P_{st,i}$-Werte darf im 1-min-Intervall erfolgen. Für periodische Spannungsschwankungen ist $P_{st} = P_{st,1min}$ und damit unabhängig von der Beobachtungsdauer.

213

2. Zu- und Abschalten

Innerhalb eines 10-min-Messintervalls ist die Leistungsaufnahme zweimal schnellstmöglich zwischen den Leistungsbereichen $P = 0$ und $P = P_{max}$ zu ändern (Reihenfolge: $0 - P_{max} - 0 - P_{max} - 0$) und der $P_{st,z}$-Wert zu ermitteln. Die relative Einschaltdauer des Durchlauferhitzers muss dabei 50 % betragen, d. h. 5 min für P_{max}.

Aus den Einzelergebnissen ist ein resultierender P_{st}-Wert zu berechnen und mit den zulässigen Grenzwerten zu vergleichen.

$$P_{st} = \left(P_{st,z}^3 + \frac{1}{N} \sum_{i=1}^{N} P_{st,i}^3 \right)^{1/3} \tag{11.7}$$

N ist die Anzahl der unter Punkt 1 gemessenen Leistungsstufen.

P_{lt} wird nicht ermittelt. Orientierende Untersuchungen haben ergeben, dass die durchschnittliche tägliche Betriebsdauer von elektronischen Durchlauferhitzern zwischen 15 min und 45 min liegt.

Bild 11.27 zeigt das Ergebnis einer Flickerprüfung im selbstregelnden Betrieb.

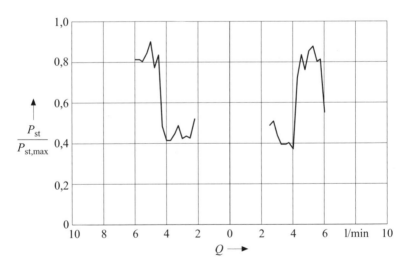

Bild 11.27a Elektronischer Durchlauferhitzer, Flickerstärke P_{st} in Abhängigkeit von der Durchflussmenge, Messspannung: L1–LN
linker Teil, Durchflussmenge wird stufig verringert
rechter Teil, Durchflussmenge wird stufig vergrößert

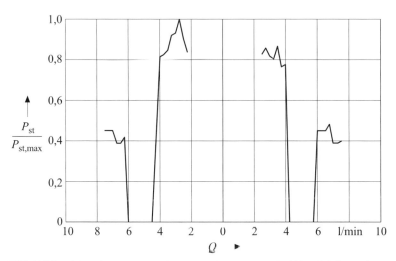

Bild 11.27b Elektronischer Durchlauferhitzer, Flickerstärke P_{st} in Abhängigkeit von der Durchflussmenge, Messspannung: L2–LN
linker Teil, Durchflussmenge wird stufig verringert
rechter Teil, Durchflussmenge wird stufig vergrößert

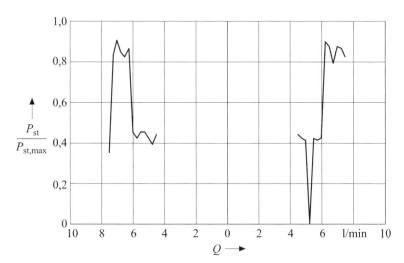

Bild 11.27c Elektronischer Durchlauferhitzer, Flickerstärke P_{st} in Abhängigkeit von der Durchflussmenge, Messspannung: L3–LN
linker Teil, Durchflussmenge wird stufig verringert
rechter Teil, Durchflussmenge wird stufig vergrößert

Die maximale Leistung für 16-A-Geräte beträgt etwa 11 kW.

Daneben sind Durchlauferhitzer mit höheren Leistungen auf dem Markt; übliche Leistungen sind 18 kW, 21 kW, 24 kW und 27 kW.

Durchlauferhitzer mit Nennströmen > 16 A je Außenleiter fallen unter den Anwendungsbereich der Norm DIN EN 61000-3-11 (VDE 0838-11):2001-04 [11.10]. Die zugehörigen Prüfbedingungen sind in DIN EN 61000-3-3 (VDE 0838-3):2002-05 angegeben.

11.11 Hochdruckreiniger

Die **Bilder 11.28a** und **11.28b** zeigen die Funktion eines Hochdruckreinigers. Nach dem erstern Einschalten (mit geschlossener Pistole) läuft das Gerät kurzzeitig an, bis das System auf Druck gebracht ist. Danach schaltet das Regelsicherheitsventil auf drucklosen Umlauf; der Schalter S2 wird dabei geöffnet. Wegen des Rückschlagventils bleibt das System bei stehendem Motor so lange auf Druck, bis die Pistole geöffnet wird. Dadurch sinkt der Druck, der Motor läuft erneut gegen den Kompressionsdruck an.

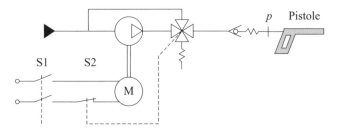

Bild 11.28a Hochdruckreiniger; Funktionsschema

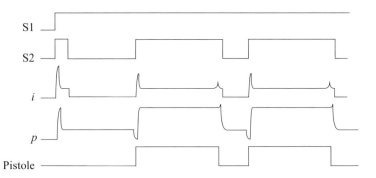

Bild 11.28b Hochdruckreiniger; Funktionsablauf

216

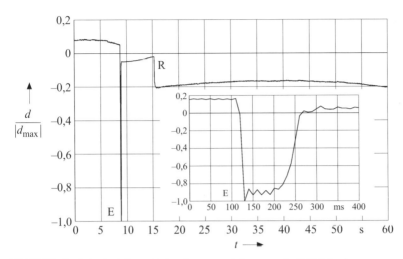

Bild 11.28c Hochdruckreiniger; relativer Spannungsänderungsverlauf $d(t)/|d_{max}|$
E Einschalten, R Reinigen

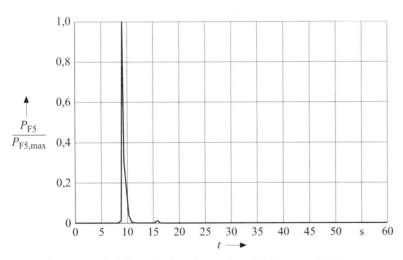

Bild 11.28d Hochdruckreiniger; Signal am Ausgang 5 des Flickermeters, $P_{F5}/P_{F5,max}$

Die **Bilder 11.28c** bis **11.28e** zeigen, dass die höchste relative Spannungsänderung beim ersten Einschalten auftritt.

Für Hochdruckreiniger gelten die allgemeinen Prüfbedingungen.

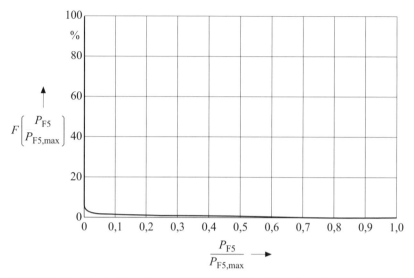

Bild 11.28e Hochdruckreiniger; Summenhäufigkeitsfunktion $F(P_{F5}/P_{F5,max})$

11.12 Klimageräte

Klimageräte werden für Kühl- und Wärmebetrieb angeboten. Das Grundprinzip bildet ein geschlossenes Kühlsystem, bestehend aus einem Kompressor, einem Verdampfer und einem Kondensator, in dem ein Kühlmittel zirkuliert. Für die Verdampfung des Kühlmittels (Siedepunkt bei etwa –40 °C) wird Wärme benötigt. Diese Wärme wird der Raumluft entnommen und über einen Wärmetauscher dem Verdampfer zugeführt; die Raumtemperatur sinkt. Das dampfförmige Kühlmittel wird vom Kompressor angesaugt und verdichtet. Durch die Verdichtung wird Wärme erzeugt. Das heiße Kühlmittel wird dem Kondensator zugeführt und dort mittels Luft- oder Wasserkühlung auf Kondensatortemperatur abgekühlt. Das Kühlmittel wird jetzt wieder über das Drosselventil geleitet, wo es entspannt wird und erneut verdampft. Für diese Verdampfung ist wiederum Wärme nötig. Der Kreislauf ist geschlossen.

Hinsichtlich Netzrückwirkungen ist der Anlaufstrom des Kompressors, der in der Regel ohne Druckentlastung gegen den Kompressionsdruck anläuft, eine wichtige Größe. Die Höhe des Anlaufstroms und damit die maximale relative Spannungsänderung an der Bezugsimpedanz ist in etwa der Kühlleistung proportional.

Beispiel (Herstellerangaben):

Gerät 1: $\quad P_{Kühl} = 2$ kW, $P_{Heiz} = 2{,}3$ kW, 230 V, einphasig
Kompressor: Anlaufstrom $I_a = 40$ A; Volllaststrom $I = 13{,}8$ A

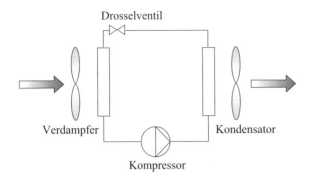

Drosselventil

Verdampfer   Kondensator

Kompressor

Bild 11.29 Klimagerät; Prinzip

Gerät 2: $P_{\text{Kühl}} = 3$ kW, $P_{\text{Heiz}} = 3,5$ kW, 400 V, dreiphasig
Kompressor: Anlaufstrom $I_a = 39$ A; Volllaststrom $I = 6,1$ A

Die Anlaufhäufigkeit des Kompressormotors ist abhängig vom Volumen des zu kühlendes Raums; sie liegt nach Herstellerangaben bei maximal fünf bis sechs Anläufen pro Stunde – im Mittel bei vier Anläufen pro Stunde.

Die maximale Spannungsänderung d_{max} wird entweder durch direkte Messung nach dem statistischen Verfahren als Mittelwert bestimmt bzw. nach der analytischen Methode durch Messung des Stroms bei fest gebremsten Läufern ermittelt.

Die Langzeit- und Kurzzeitflickerstärken werden unter Verwendung der vom Hersteller erklärten Anzahl der Betriebszyklen je Stunde analytisch mit der P_{st}-Formel berechnet.

Literatur

[11.1]   Anordnung zum Anschalten von Heizstrahlerkombinationen
         Offenlegungsschrift DE 35 26 892 A1

[11.2]   Verfahren zur schaltstoßarmen Leistungssteuerung elektrischer Lasten
         Offenlegungsschrift DE 37 26 535 A1

[11.3]   Verfahren und Vorrichtung zur Steuerung der Leistung mindestens eines
         Verbrauchers
         Europäische Patentanmeldung, Veröffentlichungsnummer 0 442 139 A2

[11.4]   DIN EN 60335-2-11 (VDE 0700-11):2004-02
         Sicherheit elektrischer Geräte für den Hausgebrauch und ähnliche Zwecke
         Teil 2-11: Besondere Anforderungen für Trommeltrockner
         (IEC 60335-2-11:2003, modifiziert);
         Deutsche Fassung EN 60335-2-11:2003 + Corrigendum 2003

[11.5]   E DIN EN 61000-3-3/A2 (VDE 0838-3/A2):2004-07
         Elektromagnetische Verträglichkeit (EMV)
         Teil 3-3: Grenzwerte – Begrenzung von Spannungsänderungen,
         Spannungsschwankungen und Flicker in öffentlichen Niederspannungs-
         Versorgungsnetzen für Geräte mit einem Bemessungsstrom ≤ 16 A je
         Leiter, die keiner Sonderanschlussbedingung unterliegen; Änderung 2 der
         IEC 61000-3-3 Ed. 1: Prüfbedingungen für Wäschetrockner (IEC 77A/454/
         CDV:2004)

[11.6]   *Thiem, B.:*
         Flicker disturbances caused by copying machines connected to the
         public-low-voltage network
         Power Quality, Session PQ1, part II, Nürnberg 1997

[11.7]   Vorrichtung zur Regelung der Auslauftemperatur bei elektrischen
         Durchlauferhitzern
         Patentschrift DE 28 37 934 C2

[11.8]   Steuereinrichtung eines elektrischen Durchlauferhitzers
         Patentschrift DE 36 01 555 C2

[11.9]   DIN EN 61000-3-3 (VDE 0838-3):2002-05
         Elektromagnetische Verträglichkeit (EMV)
         Teil 3-3: Grenzwerte – Begrenzung von Spannungsänderungen,
         Spannungsschwankungen und Flicker in öffentlichen Niederspannungs-
         Versorgungsnetzen für Geräte mit einem Bemessungsstrom ≤ 16 A je
         Leiter, die keiner Sonderanschlussbedingung unterliegen

[11.10] DIN EN 61000-3-11 (VDE 0838-11):2001-04
         Elektromagnetische Verträglichkeit (EMV)
         Teil 3-11: Grenzwerte – Begrenzung von Spannungsänderungen,
         Spannungsschwankungen und Flicker in öffentlichen Niederspannungs-
         Versorgungsnetzen – Geräte und Einrichtungen mit einem Bemessungs-
         strom ≤ 75 A, die einer Sonderanschlussbedingung unterliegen

12 Motoren

Je nach Anwendungszweck werden verschiedene Arten von Elektromotoren eingesetzt.

● **Drehstrom-Asynchronmotor**

Der Drehstrom-Asynchronmotor wird in allen Bereichen der Industrie, in Gewerbebetrieben und in der Landwirtschaft eingesetzt. Er ist robust und weitgehend wartungsfrei. Durch die Zunahme der Leistungselektronik findet der Motor auch in drehzahlvariablen Antrieben Verwendung.

Für Drehstrom-Asynchronmotoren sind verschiedene Anlassverfahren in Gebrauch:

– **Direktanlauf**

Der Anlaufstrom I_a kann das Sechs- bis Zehnfache des Bemessungsstroms I_n betragen. Wegen der damit verbundenen hohen maximalen Spannungsänderung $(\Delta U/U)_{max}$ können nur Motoren kleiner Leistung direkt anlaufen.

– **Stern-Dreieck-Anlauf**

Der Motor läuft unbelastet in Sternschaltung hoch. Nach Erreichen der Nenndrehzahl wird in Dreieck umgeschaltet.

– **Elektrischer/Elektronischer Sanftanlauf**

Durch kontinuierliche Veränderung der Motorspannung über einen Drehstromsteller mit Phasenanschnittsteuerung von einem Anfangswert bis zur Netzspannung wird ein sanftes Anfahren erreicht. Der resultierende Spannungsänderungsverlauf zeichnet sich durch lange Flankenzeiten und kleine $(\Delta U/U)_{max}$-Werte aus.

● **Universalmotor**

Der Universalmotor gehört zu den Wechselstrom-Kommutatormotoren. Er ist ähnlich aufgebaut wie der Gleichstrom-Reihenschlussmotor. Er kann sowohl an Wechsel- als auch an Gleichspannung betrieben werden. Eine Drehzahlsteuerung kann einfach über die Spannungshöhe durchgeführt werden. Er besitzt ein hohes Anzugsmoment. Das Anwendungsgebiet erstreckt sich vor allem auf Antriebe für tragbare Elektrowerkzeuge und Haushaltsgeräte.

● **Kondensatormotor**

Der Kondensatormotor ist ein Wechselstrom-Asynchronmotor mit Kurzschlussläufer und zusätzlicher Hilfswicklung, zu der ein Kondensator in Reihe liegt. Man unterscheidet zwischen Motoren mit Betriebskondensatoren, die während des Betriebs eingeschaltet bleiben, und zwischen Motoren mit Anlaufkondensator, der nach dem Hochlaufen mittels Fliehkraftschalter abgeschaltet wird. Beim Doppelkondensatormotor wird nur ein Teil des Kondensators abgeschaltet. Er findet dort Anwendung, wo keine Drehzahlsteuerung erforderlich ist, z. B. in Waschmaschinen, Wäschetrocknern, Kühlschränken, Elektrowerkzeugen, Elektropumpen. **Bild 12.1** und **Bild 12.2** zeigen die Anlaufströme von einem Drehstrom-Asynchronmotor und einen Einphasenkondensatormotor. Für leicht anlaufende Motoren wer-

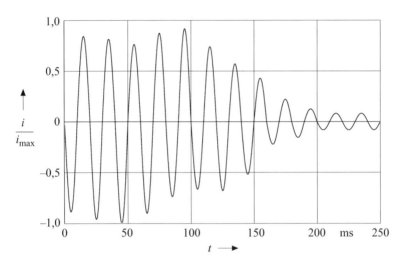

Bild 12.1 20-kW-Drehstrom-Asynchronmotor; Motoranlauf direkt (simuliert)

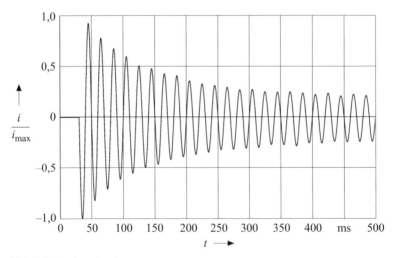

Bild 12.2 Einphasenkondensatormotor

222

den die Nennströme in der Regel nach $t_a < 500$ ms erreicht. Der zugehörige Spannungsänderungsverlauf kann für die analytische Berechnung (wenn keine anderen Daten bekannt sind) der Flickerstärke als dreieckförmig mit $T_f = 20$ ms … 100 ms und $T_r = 100$ ms … 400 ms angenommen werden.

Für die Berechnung der relativen Spannungsänderung sind die Scheinleistung und der Phasenwinkel im jeweiligen Lastzustand maßgebend. Die notwendigen Daten können den Herstellerangaben entnommen werden.

Die Höhe der relativen Spannungsänderung $(\Delta U/U)_{max}$ kann durch strombegrenzende Maßnahmen reduziert werden. Die Flickerwirkung wird zusätzlich noch durch eine Verlängerung der Flankenzeiten günstig beeinflusst. Neben den klassischen Verfahren, wie z. B. Stern-Dreieck-Anlauf, werden in zunehmendem Maße elektronische Sanftanlaufschaltungen eingesetzt.

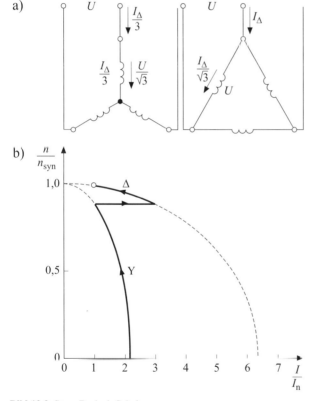

Bild 12.3 Stern-Dreieck-Schaltung
a) Schaltung
b) Drehzahl-Strom-Kennlinie

Beim Stern-Dreieck-Anlauf wird der Motor zuerst in Sternschaltung hochgefahren und nach Erreichen der Nenndrehzahl in Dreieck geschaltet (**Bild 12.3**). Gegenüber dem Direktanlauf betragen Strangstrom und Strangspannung nur das $1/\sqrt{3}$-Fache des Normalwerts. Der Leiterstrom beträgt gegenüber dem Direktanlauf in Dreieckschaltung $I_\Delta/3$. Damit erhält man für den Anlaufstrom in Stern-Dreieck-Schaltung

$$\frac{I_{aY}}{I_n} = \frac{I_{a\Delta}}{3I_n} \approx (2...3)\frac{I_a}{I_n} \tag{12.1}$$

Nach dem Umschalten tritt eine Umschaltstromspitze vom ein- bis zweifachen Anlaufstrom in Sternschaltung auf.

$$\frac{I_{a,Y\to\Delta}}{I_n} \approx (3...4)\frac{I_a}{I_n} \tag{12.2}$$

Neben der Reduzierung der relativen maximalen Spannungsänderung $(\Delta U/U)_{max}$ ist auch eine Flickerreduzierung möglich. Maßgeblich ist die relative Spannungsschwankung beim Direktanlauf (Δ) und beim Stern-Dreieck-Anlauf (YΔ), die im **Bild 12.5a** durch Polygonzüge angenähert wurde. Die Zeitkonstanten sind den Anlaufströmen (Bild 12.1; **Bild 12.4**) entnommen; die Amplituden der relativen Spannungsänderungen sind den Stromamplituden proportional.

Die Rechnung kann in einfacher Weise mit einem Flicker-Simulationsprogramm [12.1] durchgeführt werden. Das Ergebnis ist in **Bild 12.5b** dargestellt. Verallgemei-

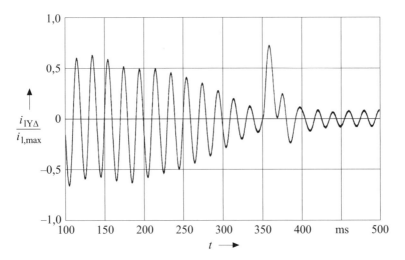

Bild 12.4 20-kW-Drehstrom-Asynchronmotor; Stern-Dreieck-Umschaltung (simuliert)
Der Strom ist bezogen auf den Maximalwert des Anlaufstroms beim Direktanlauf in Dreieckschaltung (Bild 12.1) dargestellt.

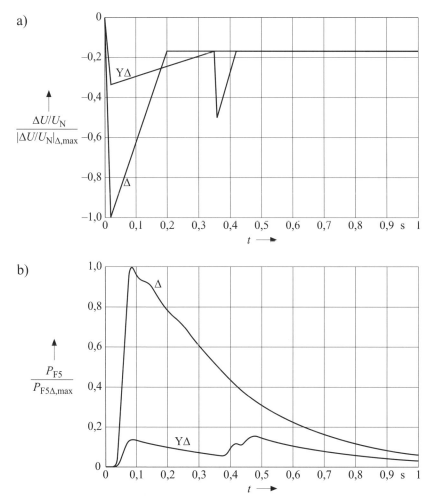

Bild 12.5 20-kW-Drehstrom-Asynchronmotor; Stern-Dreieck-Umschaltung (simuliert [12.1])

$P_{st,Y\Delta}/P_{st,\Delta} = 0{,}43$

$P_{F5,max}/P_{F5,\Delta,max} = 0{,}14$

nert man dieses Ergebnis, dann gilt für die Reduzierung der Flickerstärke die folgende Abschätzung:

$$\frac{P_{st,Y\Delta}}{P_{st,\Delta}} \approx 0{,}5 \tag{12.3}$$

225

Neben den klassischen Verfahren zur Anlaufstrombegrenzung spielen in zunehmendem Maße elektronische Sanftanlaufschaltungen eine bedeutende Rolle. **Bild 12.6**

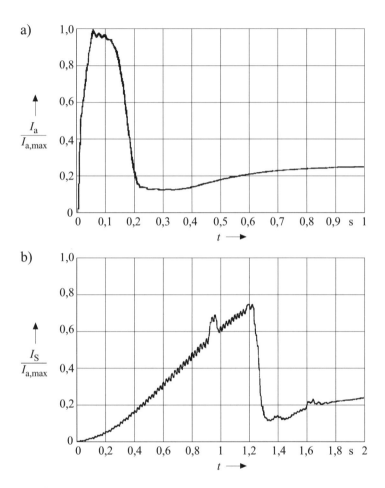

Bild 12.6 a–b 3-kW-Einphasen-Wechselstrommotor (Kompressor)

a) Anlaufstrom beim Direktanlauf

b) Anlaufstrom beim Sanftanlauf

$P_{st,b}/P_{st,a} = 0,52$; $P_{F5,b,max}/P_{F5,a,max} = 0,29$

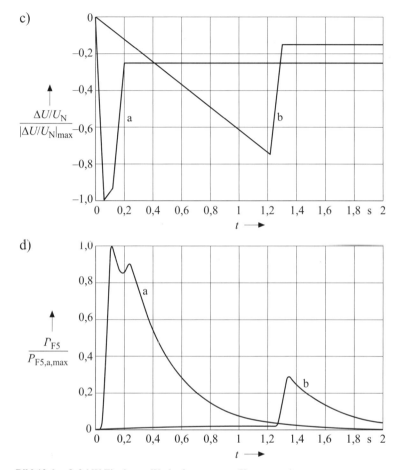

Bild 12.6 c–d 3-kW-Einphasen-Wechselstrommotor (Kompressor)

c) relative Spannungsschwankung (simuliert [12.1])

d) Signal am Ausgang 5 (simuliert [12.1])

$P_{st,b}/P_{st,a} = 0.52$; $P_{F5,b,max}/P_{F5,a,max} = 0.29$

zeigt die Anlaufströme mit und ohne Sanftanlaufschaltung. Neben der Reduzierung des maximalen Anlaufstroms spielt insbesondere die Verlängerung der Frontzeit des Stroms eine bedeutende flickerreduzierende Rolle. Die Rechnersimulation liefert in diesem Falle eine Halbierung der Flickerstärke.

Die Anforderungen der Norm DIN EN 61000-3-3 (VDE 0838-3):2002-05 werden für direkt anlaufende Drehstrommotoren in der Regel eingehalten, wenn die folgenden Grenzwerte für den Anlaufstrom I_a an der Bezugsimpedanz ($S_k = 565$ kVA) ein-

227

gehalten werden. Die Abschätzung erfolgt bei einem regelmäßigen Anlaufverhalten auf der sicheren Seite. Für Einphasenmotoren sind alle Werte mit 0,6 zu multiplizieren.

In Abhängigkeit von den Betriebsbedingungen gelten die folgenden Grenzwerte für d_{max}:

- Gerät beaufsichtigt bzw. manuell geschaltet, ggf. mit Wiedereinschaltverzögerung, $r < 2/d$, $d_{max} = 7\ \%$

- Gerät manuell geschaltet, ggf. mit Wiedereinschaltverzögerung, $r \geq 2/d$, $d_{max} = 6\ \%$

- ohne Zusatzbedingungen, $d_{max} = 4\ \%$

Der Einsatz von Motoren und das Anlaufverhalten sind vielfältig. Daher können nur für einige ausgewählte Fälle einige Anhaltswerte angegeben werden.

Aus dem d_{max}-Kriterium erhält man den maximalen Anlaufstrom an der Bezugsimpedanz:

$$I_a = \frac{\left(\dfrac{d}{\%}\right) S_k}{100\ \sqrt{3}\ U_n} \tag{12.4}$$

$$\frac{I_a}{A} = 8{,}2 \left(\frac{d}{\%}\right) \tag{12.5}$$

In Abhängigkeit von der ununterbrochenen Benutzungsdauer ist hinsichtlich Flicker für eine Benutzungsdauer ≤ 30 min das P_{st}-Kriterium und für eine Benutzungsdauer > 30 min das P_{lt}-Kriterium anzuwenden.

- selten anlaufende Motoren mit $r < 2/d$; $d_{max} = 7\ \%$

Der maximale Anlaufstrom ergibt sich aus dem d_{max}-Kriterium (12.5)

$I_a = 57\ A$

Das P_{st}-Kriterium wird eingehalten.

- Motoren mit einer Anlaufhäufigkeit $r \geq 2/d$; $d_{max} = 6\ \%$, Benutzungsdauer ≤ 30 min

Es ist zu prüfen, ob das d_{max}-Kriterium oder das P_{st}-Kriterium schärfer ist.

Hinsichtlich der Erfüllung des d_{max}-Kriteriums beträgt der maximale Anlaufstrom nach Gl. (12.5)

$I_a = 49\ A$

Für $N_{10} \leq 1$ ist das d_{max}-Kriterium schärfer.

Für $N_{10} > 1$ erhält man mit $F = 1{,}0$; $R = 1{,}0$

$$P_{st} = 0{,}365 \cdot F \cdot R \cdot \frac{d}{\%} \cdot \left(\frac{r}{\min^{-1}} \right)^{0,31} = 1 \tag{12.6}$$

$$\frac{d}{\%} = \frac{1}{0{,}365 \cdot F \cdot R \cdot \left(\dfrac{r}{\min^{-1}} \right)^{0,31}} \tag{12.7}$$

$$I_a = \frac{S_k}{0{,}365 \cdot F \cdot R \cdot \left(\dfrac{r}{\min^{-1}} \right)^{0,31} 100 \sqrt{3} \, U_n} \tag{12.8}$$

$$\frac{I_a}{A} = \frac{22{,}3}{\left(\dfrac{N_{10}}{10} \right)^{0,31}} \tag{12.9}$$

N_{10}	≤ 1	2	3	4	5	6	7	8	9	10
I_a / A	49	37	32	30	28	26	25	24	23	22

Tabelle 12.1 Maximale Anlaufströme für Drehstrom-Motoren mit einer Benutzungsdauer ≤ 30 min, N_{10} Anzahl der Motor-Anläufe im 10-min-Intervall

- Motoren mit einer Anlaufhäufigkeit von mehrmals pro Stunde, d. h. $N_{120} > 1$; $d_{max} = 6\,\%$, Benutzungsdauer ≥ 30 min

Es ist zu prüfen, ob das d_{max}-Kriterium oder das P_{lt}-Kriterium schärfer ist.

Hinsichtlich der Erfüllung des d_{max}-Kriteriums beträgt der maximale Anlaufstrom nach Gl. (12.5)

$I_a = 49$ A

Für N_{120} Anläufe mit $N_{120} \leq 12$ ist das P_{lt}-Kriterium erfüllt, wenn für die $P_{st,i}$-Werte die folgenden Bedingungen eingehalten werden.

$$P_{lt} = \sqrt[3]{\frac{N_{120}}{12} P_{st,i}^3} = 0{,}65 \tag{12.10}$$

Daraus folgt

$$P_{st,i} = \frac{1{,}5}{\sqrt[3]{N_{120}}} \tag{12.11}$$

$$P_{st,i} = 0{,}365 \cdot F \cdot R \cdot \frac{d}{\%} \cdot \left(\frac{r}{\min^{-1}}\right)^{0{,}31} = \frac{1{,}5}{\sqrt[3]{N_{120}}} \tag{12.12}$$

$$\frac{d}{\%} = \frac{1{,}5}{0{,}365 \cdot F \cdot R \cdot \left(\dfrac{r}{\min^{-1}}\right)^{0{,}31} \sqrt[3]{N_{120}}} \tag{12.13}$$

$$I_a = \frac{1{,}5\, S_k}{0{,}365 \cdot F \cdot R \cdot \left(\dfrac{r}{\min^{-1}}\right)^{0{,}31} 100 \sqrt{3}\, U_n \sqrt[3]{N_{120}}} \tag{12.14}$$

$$\frac{I_a}{A} = \frac{90}{\sqrt[3]{N_{120}}} \tag{12.15}$$

Mit Gl. (12.5) und Gl. (12.14) erhält man folgende maximale Anlaufströme:

N_{120}	1	2	3	4	5	6	7	8	9	10	11	12
I_a / A ($d_{max} = 6\,\%$)	49	49	49	49	49	49	47	45	43	32	40	39

Tabelle 12.2 Maximale Anlaufströme für Drehstrom-Motoren mit einer Benutzungsdauer > 30 min, N_{120} Anzahl der Motor-Anläufe im 2-h-Intervall

Motoren, ohne Zusatzbedingungen, müssen das Kriterium $d_{max} = 4\,\%$ erfüllen.

Der maximale Anlaufstrom beträgt in diesem Falle, unabhängig von N_{120}, $I_a = 33$ A.

- Häufig anlaufende Motoren mit $N_{10} \geq 1$, $d_{max} = 4\,\%$ bzw. 6 %, Benutzungsdauer > 30 min

Es ist zu prüfen, ob das d_{max}-Kriterium oder das P_{lt}-Kriterium schärfer ist.

Hinsichtlich der Erfüllung des d_{max}-Kriteriums beträgt der maximale Anlaufstrom nach Gl. (12.5)

- für $d_{max} = 4\,\%$; $I_a = 33$ A bzw.

- für $d_{max} = 6\,\%$; $I_a = 39$ A

Für $N_{10} > 1$ ist das P_{st}-Kriterium schärfer. Es gilt:

$$P_{lt} = P_{st} = 0{,}365 \cdot F \cdot R \cdot \frac{d}{\%} \cdot \left(\frac{r}{\min^{-1}}\right)^{0{,}31} = 0{,}65 \tag{12.16}$$

$$\frac{d}{\%} = \frac{0{,}65}{0{,}365 \cdot F \cdot R \cdot \left(\dfrac{r}{\min^{-1}}\right)^{0{,}31}} \tag{12.17}$$

$$I_a = \frac{0{,}65 \, S_k}{0{,}365 \cdot F \cdot R \cdot \left(\dfrac{r}{\min^{-1}}\right)^{0{,}31} 100 \, \sqrt{3} \, U_n} \tag{12.18}$$

$$\frac{I_a}{A} = \frac{14{,}5}{\left(\dfrac{N_{10}}{10}\right)^{0{,}31}} \tag{12.19}$$

N_{10}	1	2	3	4	5	6	7	8	9	10
I_a / A ($d_{max} = 4\,\%$)	33	24	21	19	18	17	16	15,5	15	14,5
I_a / A ($d_{max} = 6\,\%$)	39	24	21	19	18	17	16	15,5	15	14,5

Tabelle 12.3 Maximale Anlaufströme für Drehstrom-Motoren mit einer Benutzungsdauer > 30 min, N_{10} Anzahl der Motor-Anläufe im 10-min-Intervall

Literatur

[12.1] *Mombauer, W.:*
EMV – Messung von Spannungsschwankungen und Flickern mit dem IEC-Flickermeter
Theorie, Normung nach VDE 0847-4-15 (EN 61000-4-15) – Simulation mit Turbo-Pascal
VDE-Schriftenreihe, Band 109, VDE VERLAG, Berlin und Offenbach, 2000

13   Begriffe und Definitionen

13.1   Englisch/Deutsch

air conditioner	Klimagerät
ambient temperature	Umgebungstemperatur
arc welding equipment	Lichtbogenschweißeinrichtung
attended whilst in use	während des Betriebs beaufsichtigt
baking oven	Backofen
boiling temperature range	Kochtemperaturbereich
compressor	Kompressor
conditional connection	Sonderanschluss
continuous operation	Dauerbetrieb
cooker	Kochstelle, Herd
cooling mode	Kühlbetrieb
cotton cloths	Baumwollkleidung
dehumidifier	Luftentfeuchter
diameter	Durchmesser
direct water heater	Durchlauferhitzer
discharge lamp luminaires	Leuchte mit Entladungslampen
domestic premises	Hausgebrauch
double hemmed	doppelt gesäumt
electronically switched	elektronisch geschaltet
flicker	Flicker
flicker impression time t_f	Flickernachwirkungszeit t_f
frying temperature range	Brattemperaturbereich
heat pump	Wärmepumpe
hotplate	Kochplatte
incandescent lamp luminaires	Leuchte mit Glühlampen
input terminal	Eingangsanschluss
interface point	Anschlusspunkt

laundry programme	Waschprogramm
leading edge	Anstiegsflanke
lid	Deckel
lighting equipment	Beleuchtungseinrichtung
line-to-line	Außenleiter–Außenleiter
line-to-neutral	Außenleiter–Neutralleiter
locked motor current	Strom bei fest gebremstem Läufer
long-term flicker severity P_{lt}	Langzeit-Flickerstärke P_{lt}
luminance	Leuchtdichte
luminous flux	Lichtstrom
magnitude of a voltage change	Betrag einer Spannungsänderung
main supply	Netzversorgung
maximum relative voltage change d_{max}	maximale relative Spannungsänderung d_{max}
maximum voltage change ΔU_{max}	maximale Spannungsänderung ΔU_{max}
mean r. m. s. value	mittlerer Effektivwert
measurement evaluation	Bewertung der Messung
measurement result	Mess-Ergebnis
measurement uncertainty	Messunsicherheit
measurement unit	Messgerät
microwave oven	Mikrowelle
modulation amplitude	Modulationsamplitude
neutral (conductor)	Neutralleiter
nominal voltage	Nennspannung
normal operation	Normalbetrieb
normal performance	bestimmungsgemäßes Betriebs-verhalten
number of variation	Wiederholrate
observation period	Beobachtungszeit
occurrence rate	Häufigkeit (innerhalb einer vorgegebenen Zeit)
operational mode	Betriebsart, Betriebsweise
output power	Ausgangsleistung
output power capability	Ausgangsleistung

peak value	Spitzenwert
percentile	Quantile
perceptibility	Bemerkbarkeit
perceptibility curve	Bemerkbarkeitskurve
perceptibility threshold	Bemerkbarkeitsschwelle, Wahrnehmungsschwelle
performance	Ausführung, Wirkungsweise, Leistung, Betriebsverhalten
performance criterion	Gütekriterium
permitted power	zulässige Leistung
phase angle	Phasenwinkel
phase conductor	Phasenleiter
phase shift	Phasenverschiebung
P_{lt} long term flicker (indicator)	Langzeit-Flickerstärke P_{lt} (Langzeit-Flickerwert)
plug	Stecker
portable tools	tragbare Elektrowerkzeuge
pot	Kochtopf
power consumption	Leistungsaufnahme
power frequency	Netzfrequenz
power quality	Spannungsqualität
power quality parameters	Merkmale der Spannungsqualität
power supply interruption	Unterbrechung der Stromversorgung
pre-wash	Vorwaschgang
pre-washed	vorgewaschen
probability density function	Verteilungsdichtefunktion
P_{st} short term flicker (indicator)	Kurzzeit-Flickerstärke P_{st} (Kurzzeit-Flickerwert)
quantity	Menge
ramp-voltage characteristics	rampenförmige Spannungsänderungen
range selector	Messbereichsumschalter
rate of switching	Schalthäufigkeit
rated apparent power	Bemessungsscheinleistung
rated current	Bemessungsstrom

rated data	Bemessungsdaten
rated power	Bemessungsleistung
rated reactive power	Bemessungsblindleistung
rated voltage	Betriebsspannung
rectangular voltage change	rechteckförmige Spannungsänderung
rectangular voltage fluctuation	rechteckförmige Spannungsschwankung
reference condition	Bezugs-, Vergleichsbedingung
reference impedance Z_{ref}	Bezugsimpedanz Z_{ref}
reference network	Bezugsnetz
reference value	Bezugspegel
reference voltage	Referenzspannung
refrigerating equipment	Gefriereinrichtung
regulated equipment	gesteuerte Geräte
relative steady state voltage change d_c	relative bleibende Spannungsabweichung d_c
relative voltage change	relative Spannungsänderung
relative voltage change waveform $d\,(t)$	relativer Spannungsänderungsverlauf $d\,(t)$
repetition rate	Wiederholrate (äquidistant)
resistive load	Wirklast, Ohm'sche Last
restoration of supply	Wiederkehr der Spannung
reverse cycle	Reversierzyklus
rise time	Anstiegszeit
RMS voltage shape $U(t)$	Verlauf des Spannungs-Effektivwerts $U(t)$
sense leads	Messleitungen
sensitivity range	Empfindlichkeitsbereich
service	Hausanschluss
service current capacity	Dauerstrombelastbarkeit des Netzes
severity	(Flicker-)Stärke
severity indicator	Störgröße
severity level	Flickerpegel
shape factor F, equivalence factor	Formfaktor F
short (term) intervall T_{short}	Kurzzeitintervall T_{short}

short-circuit resistance	Kurzschlusswiderstand
short-term flicker evaluation	Ermittlung der Kurzzeit-Flickerstärke
short-term flicker severity P_{st}	Kurzzeit-Flickerstärke P_{st}
single-phase	einphasig
sinusoidal voltage fluctuation	sinusförmige Spannungsschwankung
sliding mean filter	Filter für den gleitenden Mittelwert
smoothed P_{st}-value	geglätteter P_{st}-Wert
smoothing	Gättung
square law demodulator	quadratischer Demodulator
squaring multiplier	Quadrierer
stage	Stufe
star connection	Sternschaltung
start-up	Einschalten
status of the operational mode	Betriebszustand
steady state voltage change ΔU_c	bleibende Spannungsabweichung ΔU_c
steady-state condition	stationärer Betrieb
step voltage change	sprungförmige Spannungsänderung
stochastic voltage fluctuation	stochastische (regellose) Spannungsschwankung
succession	Folge, Aufeinanderfolge
supply capacity	verfügbare Anschlussleistung
supply system	Versorgungsnetz
supply voltage	Versorgungsspannung
switching operation	Schaltvorgang
system impedance	Netzimpedanz
tail time	Rückenzeit
terminal	Anschlussklemme
test condition	Prüfbedingung
test impedance	Prüfimpedanz
test leads	Prüfleitungen
test procedure	Prüfverfahren
test set-up	Versuchsanordnung
thermocouple	Thermoelement
thermostat	Thermostat

threshold of complaint	Störschwelle
threshold of flicker irritability	Flicker-Störgrenze
threshold of perceptibility	Bemerkbarkeitsschwelle
transfer function	Übertragungsfunktion
triangular voltage characteristics	dreieckförmige Spannungsänderungen
type designation	Typenbezeichnung
type of flicker	Flickertyp
unit of perceptibility	Bemerkbarkeitseinheit
user's installation	Kundenanlage
voltage change	Spannungsänderung
voltage change characteristic $\Delta U(t)$	Spannungsänderungsverlauf $\Delta U(t)$
voltage change factor	Spannungsänderungsfaktor
voltage change intervall	Spannungsänderungsintervall
voltage change waveform $\Delta U(t)$	Spannungsänderungsverlauf $\Delta U(t)$
voltage fluctuation	Spannungsschwankung
voltage fluctuation waveform	Kurvenform der Spannungsschwankung
wash-cycle	Waschzyklus
washing machine	Waschmaschine
water flow-rate	Durchflussmenge (Wasser)
weighting filter	Gewichtungs-, Bewertungs-Filter
zero sequence	Nullsystem

13.2 Deutsch/Englisch

Anschlussklemme	terminal
Anschlusspunkt	interface point
Anstiegsflanke	leading edge
Anstiegszeit	rise time
Ausführung, Wirkungsweise, Leistung, Betriebsverhalten	performance
Ausgangsleistung	output power, output power capability
Außenleiter–Außenleiter	line-to-line
Außenleiter–Neutralleiter	line-to-neutral
Backofen	baking oven
Baumwollkleidung	cotton cloths
Beleuchtungseinrichtung	lighting equipment
Bemerkbarkeit	perceptibility
Bemerkbarkeitseinheit	unit of perceptibility
Bemerkbarkeitskurve	perceptibility curve
Bemerkbarkeitsschwelle	threshold of perceptibility
Bemessungsblindleistung	rated reactive power
Bemessungsdaten	rated data
Bemessungsleistung	rated power
Bemessungsscheinleistung	rated apparent power
Bemessungsstrom	rated current
Beobachtungszeit	observation period
bestimmungsgemäßes Betriebsverhalten	normal performance
Betrag einer Spannungsänderung, Hub	magnitude of a voltage change
Betriebsart, Betriebsweise	operational mode
Betriebsspannung	rated voltage
Betriebszustand	status of the operational mode
Bewertung der Messung	measurement evaluation
Bezugs-, Vergleichsbedingung	reference condition
Bezugsimpedanz Z_{ref}	reference impedance Z_{ref}
Bezugsnetz	reference network

Bezugspegel	reference value
bleibende Spannungsabweichung ΔU_c	steady state voltage change ΔU_c
Brattemperaturbereich	frying temperature range
Dauerbetrieb	continuous operation
Dauerstrombelastbarkeit des Netzes	service current capacity
Deckel	lid
doppelt gesäumt	double hemmed
dreieckförmige Spannungsänderungen	triangular voltage characteristics
Durchflussmenge (Wasser)	water flow-rate
Durchlauferhitzer	direct water heater
Durchmesser	diameter
Eingangsanschluss	input terminal
einphasig	single-phase
Einschalten	start-up
elektronisch geschaltet	electronically switched
Empfindlichkeitsbereich	sensitivity range
Ermittlung der Kurzzeit-Flickerstärke	short-term flicker evaluation
Filter für den gleitenden Mittelwert	sliding mean filter
Flicker	flicker
Flicker-Stärke	severity
Flicker-Störgrenze	threshold of flicker irritability
Flickernachwirkungszeit t_f	flicker impression time t_f
Flickerpegel	severity level
Flickertyp	type of flicker
Folge, Aufeinanderfolge	succession
Formfaktor F	shape factor F, equivalence factor
Gättung	smoothing
Gefriereinrichtung	refrigerating equipment
geglätteter P_{st}-Wert	smoothed P_{st}-value
gesteuerte Geräte	regulated equipment
Gewichtungs-, Bewertungs-Filter	weighting filter
Gütekriterium	performance criterion
Häufigkeit (innerhalb einer vorgegebenen Zeit)	occurrence rate

Hausanschluss	service
Hausgebrauch	domestic premises
Klimagerät	air conditioner
Kochplatte	hotplate
Kochstelle, Herd	cooker
Kochtemperaturbereich	boiling temperature range
Kochtopf	pot
Kompressor	compressor
Kühlbetrieb	cooling mode
Kundenanlage	user's installation
Kurvenform der Spannungsschwankung	voltage fluctuation waveform
Kurzschlusswiderstand	short-circuit resistance
Kurzzeit-Flickerstärke (Kurzzeit-Flickerwert)	P_{st} short term flicker (indicator)
Kurzzeit-Flickerstärke P_{st}	short-term flicker severity P_{st}
Kurzzeitintervall T_{kurz}	short (term) intervall T_{short}
Langzeit-Flickerstärke P_{lt} (Langzeit-Flickerwert)	P_{lt} long term flicker (indicator)
Langzeit-Flickerstärke P_{lt}	long-term flicker severity P_{lt}
Leistungsaufnahme	power consumption
Leuchtdichte	luminance
Leuchte mit Entladungslampen	discharge lamp luminaires
Leuchte mit Glühlampen	incandescent lamp luminaires
Lichtbogenschweißeinrichtung	arc welding equipment
Lichtstrom	luminous flux
Luftentfeuchter	dehumidifier
maximale relative Spannungsänderung d_{max}	maximum relative voltage change d_{max}
maximale Spannungsänderung ΔU_{max}	maximum voltage change ΔU_{max}
Menge	quantity
Merkmale der Spannungsqualität	power quality parameters
Messbereichsumschalter	range selector
Mess-Ergebnis	measurement result

Messgerät	measurement unit
Messleitungen	sense leads
Messunsicherheit	measurement uncertainty
Mikrowelle	microwave oven
mittlerer Effektivwert	mean r. m. s. value
Modulationsamplitude	modulation amplitude
Nennspannung	nominal voltage
Netzfrequenz	power frequency
Netzimpedanz	system impedance
Netzversorgung	main supply
Neutralleiter	neutral (conductor)
Normalbetrieb	normal operation
Nullsystem	zero sequence
Phasenleiter	phase conductor
Phasenverschiebung	phase shift
Phasenwinkel	phase angle
Prüfbedingung	test condition
Prüfimpedanz	test impedance
Prüfleitungen	test leads
Prüfverfahren	test procedure
quadratischer Demodulator	square law demodulator
Quadrierer	squaring multiplier
Quantile	percentile
rampenförmige Spannungsänderungen	ramp-voltage characteristics
rechteckförmige Spannungsänderung	rectangular voltage change
rechteckförmige Spannungs-schwankung	rectangular voltage fluctuation
Referenzspannung	reference voltage
relative bleibende Spannungs-abweichung d_c	relative steady state voltage change d_c
relative Spannungsänderung	relative voltage change
relativer Spannungsänderungs-verlauf $d\ (t)$	relative voltage change waveform $d\ (t)$
Reversierzyklus	reverse cycle

Rückenzeit	tail time
Schalthäufigkeit	rate of switching
Schaltvorgang	switching operation
sinusförmige Spannungsschwankung	sinusoidal voltage fluctuation
Sonderanschluss	conditional connection
Spannungsänderung	voltage change
Spannungsänderungsfaktor	voltage change factor
Spannungsänderungsintervall	voltage change intervall
Spannungsänderungsverlauf $\Delta U(t)$	voltage change waveform $\Delta U(t)$
Spannungsänderungsverlauf $\Delta U(t)$	voltage change characteristic $\Delta U(t)$
Spannungsqualität	power quality
Spannungsschwankung	voltage fluctuation
Spitzenwert	peak value
sprungförmige Spannungsänderung	step voltage change
stationärer Betrieb	steady-state condition
Stecker	plug
Sternschaltung	star connection
stochastische (regellose) Spannungsschwankung	stochastic voltage fluctuation
Störgröße	severity indicator
Störschwelle	threshold of complaint
Strom bei fest gebremstem Läufer	locked motor current
Stufe	stage
Thermoelement	thermocouple
Thermostat	thermostat
tragbare Elektrowerkzeuge	portable tools
Typenbezeichnung	type designation
Übertragungsfunktion	transfer function
Umgebungstemperatur	ambient temperature
Unterbrechung der Stromversorgung	power supply interruption
verfügbare Anschlussleistung	supply capacity
Verlauf des Spannungs-Effektivwerts $U(t)$	RMS voltage shape $U(t)$
Versorgungsnetz	supply system

Versorgungsspannung	supply voltage
Versuchsanordnung	test set-up
Verteilungsdichtefunktion	probability density function
vorgewaschen	pre-washed
Vorwaschgang	pre-wash
während des Betriebs beaufsichtigt	attended whilst in use
Wärmepumpe	heat pump
Waschmaschine	washing machine
Waschprogramm	laundry programme
Waschzyklus	wash-cycle
Wiederholrate	number of variation
Wiederholrate (äquidistant)	repetition rate
Wiederkehr der Spannung	restoration of supply
Wirklast, Ohm'sche Last	resistive load
zulässige Leistung	permitted power

Tabellen [1]

Relative Eingangsspannungsschwankung $\Delta U/U$, die zur Flickerstärke $P_{st} = 1$ führt

Änderungen pro Minute r/min^{-1}	Spannungsänderungen $\Delta U/U$ in %
0,1	7,400
0,2	4,580
0,4	3,540
0,6	3,200
1	2,720
2	2,210
3	1,950
5	1,640
7	1,460
10	1,290
22	1,020
39	0,905
48	0,870
68	0,810
110	0,725
176	0,640
273	0,560
375	0,500
480	0,480
585	0,420
682	0,370
796	0,320
1055	0,280
1200	0,290
1390	0,340
1620	0,402
2400	0,810
2875	1,040
4000	2,400

[1]   IEC/77A/302/CD/61000-4-15:1999-11
        Amendment to add specifications for flickermeter for 120 V systems and
        more closely define the specification of a filter in the instrument according to
        standard IEC 61000-4-15

Formelzeichen

φ	Lastwinkel
ψ	Netzimpedanzwinkel
α	Summationsexponent
ΔU	Spannungs-Effektivwert-Änderung
$\Delta U(t)$	Spannungsänderungsverlauf
ΔU_c	konstante Spannungsabweichung
ΔU_{max}	größte Spannungsabweichung
ED	relative Einschaltdauer
f	relativer Fehler
f	Frequenz
F	Formfaktor, Summenhäufigkeitsfunktion
f_F	Flickerfrequenz
I	Halbschwingungs-Effektivwert Strom
I_a	Maximalwert des Motoranlaufstroms
N	Anzahl
P_{F2}	Signal am Ausgang 2 des Flickermeters
P_{F3}	Signal am Ausgang 3 des Flickermeters
P_{F5}	Signal am Ausgang 5 des Flickermeters
P_{lt}	Langzeit-Flickerstärke
P_{st}	Kurzzeit-Flickerstärke
Q	Blindleistung
R	Ohm'scher Widerstand, Korrekturfaktor
r	Wiederholrate
S	Scheinleistung
$\underline{S}$	komplexe Leistung
t	Zeit
T	Beobachtungsintervall, -zeit
t_f	Flickernachwirkungszeit
U	Halbschwingungs-Effektivwert Spannung
v	Geschwindigkeit
X	Reaktanz (Ohm-System)
$\underline{Z}$	Impedanz

komplexe Größen sind unterstrichen

Indizes

0	Neutralleiter
1	1 min
1, 2, 3	Außenleiter
10	10 min
120	120 min
1ph	einphasig
2ph	zweiphasig
3ph	dreiphasig
99 %	99-%-Quantil
a	Anlage
b	Blind
c	vereinbart
ED	relative Einschaltdauer
F	Flicker
f	Flicker, flickerwirksam, Front
g	gesamt
i	einzelne Anlage
k	Kurzschluss
L	Leitung, Kabel, Last
L10, L20, L30	zwischen Außen- und Neutralleiter
L12, L13, L23	zwischen zwei Außenleitern
lt	Langzeit
max	maximal
n	Nennwert, Bemessungswert
N	Netz, Neutralleiter
p	periodisch, relative Leistung
ref	Referenz, Bezug
ref100	Dauerstrombelastbarkeit $\geq$ 100 A
st	Kurzzeit
sys	Netz
t	Rücken
Test	Test, Prüfung
VP	Verknüpfungspunkt
w	Wirk

Stichwortverzeichnis

Bücher, die überzeugen!